三池炭鉱遺産

万田坑と宮原坑

高木尚雄［写真・文］

弦書房

目次

はじめに――近代化遺産としての三池炭鉱　9
万田坑……15
宮原坑……59
坑内労働・設備……67
炭鉱の仲間・くらし……109
炭鉱の設備・道具……119
炭鉱の社宅……131

万田社宅　133
宮原社宅　151
ヤマの神……155
慰霊塔……161
炭鉱用語　167
おわりに　182
三池炭鉱年表　194

三井三池鉱の坑口と社宅

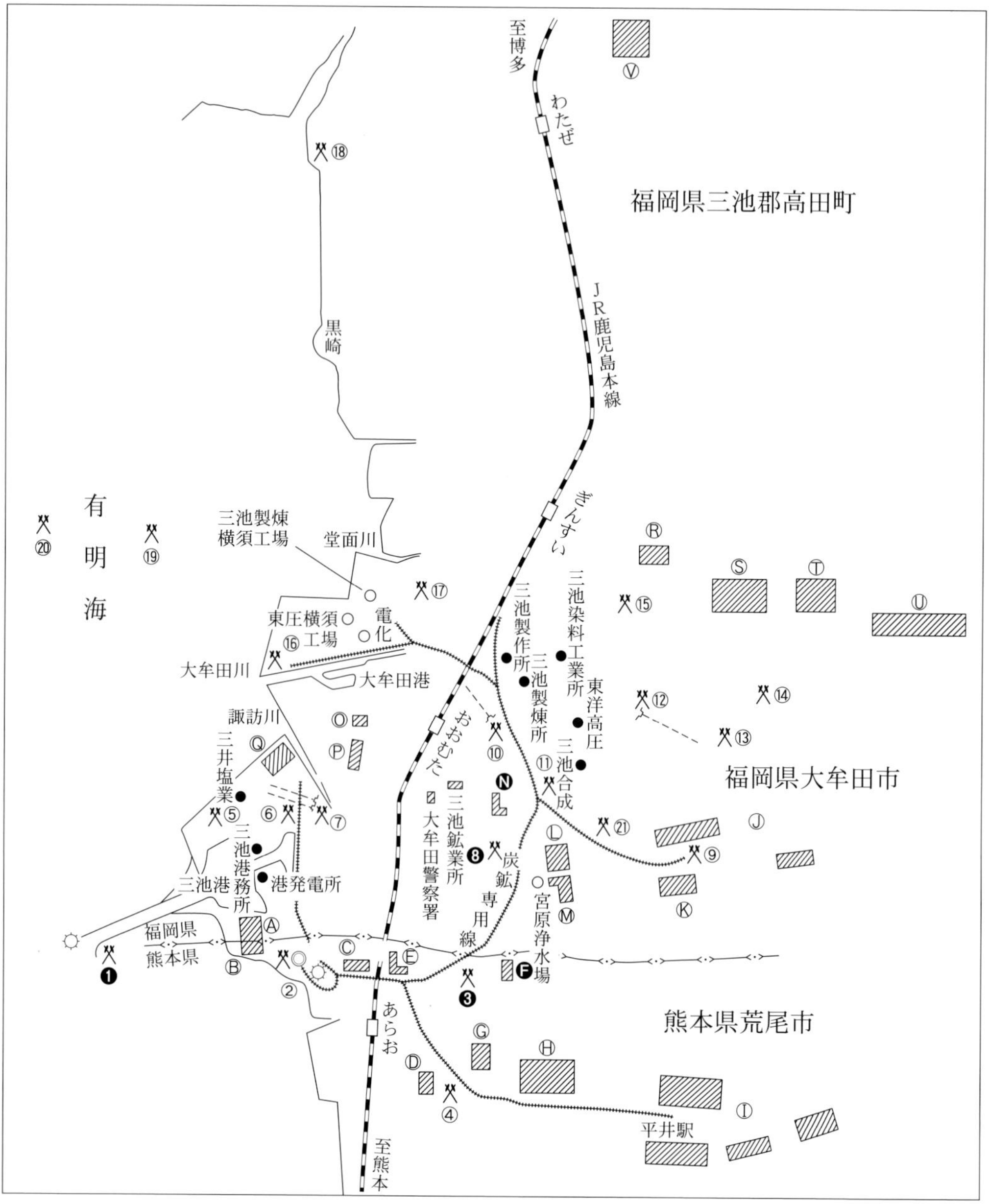

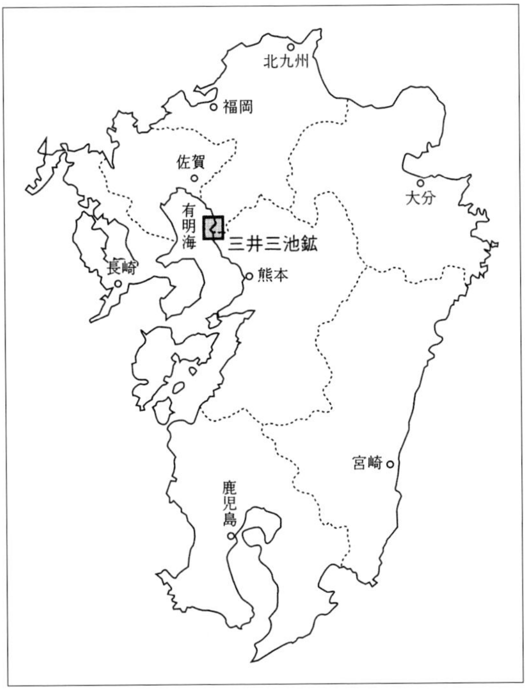

四角内の拡大図を右頁に示した。

〔坑口名〕
（番号は前頁地図中のもの）

❶港沖四山坑
②四山坑
❸万田坑
④岩原坑
⑤新港竪坑
⑥港排気竪坑
⑦三川坑
❽宮原坑
⑨勝立坑
⑩宮浦坑
⑪七浦坑
⑫大浦坑
⑬龍湖瀬坑
⑭大谷坑
⑮稲荷坑
⑯南新開竪坑
⑰横須竪坑
⑱有明坑
⑲初島竪坑
⑳三池島
㉑早鐘坑

〔社宅名〕
（アルファベットは前頁地図中のもの）

Ⓐ四山社宅
Ⓑ大島社宅
Ⓒ西原社宅
Ⓓ大平社宅
Ⓔ原万田社宅
🅕万田社宅
Ⓖ宮内社宅
Ⓗ大谷社宅
Ⓘ緑丘社宅
Ⓙ勝立社宅
Ⓚ馬渡社宅
Ⓛ臼井社宅
Ⓜ野添社宅
🅝宮原社宅
Ⓞ小浜北社宅
Ⓟ小浜南社宅
Ⓠ新港社宅
Ⓡ長溝社宅
Ⓢ七夕社宅
Ⓣ田崎社宅
Ⓤ尻永社宅
Ⓥ原社宅

＊「鉱」と「坑」の表記について――三井三池炭鉱では、操業中は「鉱」(万田鉱など)で表記し、閉鉱後は「坑」（万田坑など）で表記した。本書ではこれにならって表記を区別した。なお、坑口の名称は「坑」を用いている。

三池炭鉱遺産　万田坑と宮原坑

はじめに——近代化遺産としての三池炭鉱

地底労働者の記録

日本は石炭産業を放棄してしまった。石炭産業というものが歴史上のことになった。炭鉱を放棄したなら再び開発はできない。坑内は「ガスと水」で手はつけられない。石炭産業の終焉である。石炭が無くなったから掘るのを止めたのではない。まだ有明海の海底には七億トンの埋蔵量がある。宝の山が眠っている。

日本では石炭を使わなくなったのではない。日本の炭鉱は海底を掘るものだからコストが高くなる。経済原理で安ければよいという理由で、外国の石炭を輸入している。輸入量は一年に約一億三〇〇〇万トンと聞いている。

何十年か先には福岡県大牟田市・みやま市、熊本県荒尾市に三池炭鉱があったことは歴史の本でしか知ることはできないだろう。また石炭とはどんな物か知っている人は少なくなるだろう。炭鉱の坑内でどうやって石炭を掘っていたか、支柱はどうやって立てていたか、採炭現場や掘進現場はどんなところであったか、選炭場とはどんな仕事をしていたか、炭鉱の社宅はどんな建物であったか、それらがわかるように、なるべく多くの炭鉱の資料を残しておくべきだと考えている。

これほど巨大な基幹産業であった石炭産業の映像記録を歴史的遺産として残さなくてはならない。過ぎ去ったものは永久に戻って来ない。だが、写真は過去の一瞬を息づいて見せてくれる。

本書では、主に宮原坑《みやはらこう》と万田坑《まんだこう》を紹介した。この二つの施設は、国の重要文化財・史跡に指定されており、さらに、「九州・山口の近代化産業遺産群」を構成する二八施設(世界遺産の登録リストにはいっている)にも含まれている。以下にこの二施設の概要を記しておく。

宮原坑

明治二〇年(一八八七)四月、三池鉱山払下規則が制定された。この頃、三池鉱山では、年におよそ四〇万トンの石炭が掘られ、主に、中国大陸に輸出されていた。

ところで三池炭鉱は、坑内の湧き水がひどいので、これが、生産の大きな妨げとなっていた。そこで、同年九月、技師の團琢磨が、ポンプの研究をするため、米・欧に出張を命ぜられた。

第一竪坑は同二八年二月に着工した。工事は湧水のため困難を極めたが、同三〇年(一八九七)三月に深度一四一メートルで着炭した。翌年三月二一日、排水、揚炭のための坑外諸設備が完成した。

第二竪坑は同三二年(一八九九)六月一一日から開削に着手し、同三四年(一九〇一)一一月竣工している、坑深は一四八メートル。

第一竪坑は揚炭、入気、排水が主であり、第二竪坑は人員昇降を主とし、排気、排水、揚炭を兼ねた。両竪坑とも團事務長がイギリスから輸入したデービーポンプ二台を備え、これによって七浦坑の排水難も解消され、深部への展開も可能となった。総工費は九三万五〇〇〇円で、宮原坑は排水、揚炭の大型機械を備えた主力坑となり、明治・大正期を通じて年間四〇～五〇万トンの出炭を維持した。

しかし、昭和初期の恐慌、不況の中で、各炭坑は坑口と稼業地域の整理統合、採炭・送炭・選炭の機械化及び諸設備の大型化、総払式長壁採炭法による切羽の集約などの合理化を進めた。三池炭鉱でも、新たな四山鉱、宮浦大斜坑の開削と同時に、それまでの主力坑であった大浦、勝立《かつだち》、七浦、宮原坑が閉坑した。
宮原坑は昭和六年（一九三一）五月一日、閉坑。
現在、第一竪坑は消滅し、捲場、櫓ともなくなっている。第二竪坑は、櫓、捲場装置もあり、捲場室は、レンガ造切妻平屋で屋根は現状で波形スレート葺き。内部に二基の捲揚機がすえられている。捲揚室のレンガはイギリス積み。櫓は鉄骨造。
坑形は七・五六㍍×四・〇二㍍の矩形。
この頃、三池には、三池集治監・福岡県三池監獄・熊本県監獄三池出張所などがあって、宮原坑も囚人を昭和五年一二月まで使役していた。坑夫の主力は、一般から求めていた、それを良民坑夫と呼んでいた。昔は宮原坑のことを囚人を使っていたので「修羅坑」と呼んでいたが、いまはそれを知る人は少ない。
〔名称〕　三井三池炭鉱跡　宮原坑跡　国の重要文化財・史跡　指定
〔所在地〕　福岡県大牟田市宮原町一丁目

万田坑

明治一四年（一八八一）五月、三池炭鉱では、初めて、原万田星が谷の官山で、石炭をさがすための試錐をおこなった。ここが後の万田坑である。これより少し前、三池炭鉱の鉱区は
　　三池郡の藤田・三里・西米生・川尻・大牟田・下里・横須・稲荷・櫟野・暦木・今山
　　玉名郡の井手・万田・大島・荒尾・中・堺崎・中原
と定められたので、面積は二九八二町歩余に達し、埋蔵量は一億六二九一万トン余と考えられた。そして
この月、工部省は、福岡、熊本両県に「三池炭山境界線内において、試掘・借区等、一切禁止する」と

いう旨の通達を出した。わが国では工業が盛んになり石炭の需要も増加した。しかし、三池炭鉱は、官営以来すでに二十数年経ち、坑道は日増しに延びて、坑口への運搬も次第に難しくなっている。そこで三井本店の團琢磨は、熊本県側の鉱区を開発しようと、荒尾村の万田に出張し、万般の設計を行うと共に、二百数十万円の起業費を計上して帰社したところ、会社首脳が、ほとんど検討することもなく可決してくれた。

こうして同三〇年(一八九七)一一月二三日、いよいよ万田坑第一竪坑の開削が始められた。一二月になると万田坑には、デビーポンプがすえつけられ、宮原坑との間に、鉄道をしく工事がはじめられた。

同三二年(一八九九)五月、初めて空気圧縮機と削岩機が使用された。英国人技師を招いて、高さ三三メートル、幅一三メートル、重さ二四〇トンという、鉄骨の竪坑櫓を組み立てた。

一〇月、櫓が完成した。翌三三年(一九〇〇)二月、デビーポンプ三台が運転を開始した。同三五年(一九〇二)二月一一日、第一竪坑が着炭した。その坑深は二七二メートルで、宮原坑の一四八メートル、勝立坑の一一八メートル、七浦坑の七二メートル、宮浦坑の五三メートルに比べ、格段の相違があり、同時にあらゆる点で大きな規模をほこった。

同年一一月、一坑竪坑の捲揚機が設置された。これは、三池の各山がすべて一台であったのに、初めて二台となって、めざましい効率を約束した。これを動かすのは、これも珍しい高圧蒸気なので、大きな汽缶場(炭鉱用語を参照)が建てられた。

万田坑は、三池で、最新のものだけに、全般にわたり大規模で運搬系統を見ると、坑内の軌条間隔は、他山が一八吋《インチ》半なのに、一挙に二四吋《インチ》に広げられ、炭車が木製から鉄製に改められたので、時速四哩《マイル》だったものが七哩《マイル》以上に及んだ外、チップラーなども大いに改良された。

第二竪坑は、同三一年(一八九八)八月二四日開削着手、同三七年(一九〇四)二月二六日に深さ二六八

メートルで着炭。以降坑底、坑口の設備工事を進め、同四二年（一九〇九）二月より操業を開始した。第一竪坑の諸設備と合わせて、万田坑は当時わが国最大規模の竪坑であった。総工費二四四万七〇〇〇円。これで三池炭礦社では、大浦・七浦・宮浦・勝立・宮原の五坑に次いで、初めて熊本県の万田坑が加わり、しかも三池の中心はここに移った。万田坑は、昭和二六年（一九五一）九月一日、閉坑になった。

第一竪坑は、捲揚、櫓ともなくなっており、一部にレンガの構築物が残っている。坑形は矩形一一・四二メートル×三・七六メートルで揚炭、入気、排水の用途だった。

第二竪坑は、捲揚、櫓とも施設がよく残り、煙突の基礎部や汽缶場の壁の一部も残存して面影をとどめる。坑形は矩形で八・三一メートル×四・三七メートル。本来は排気、排水、人員の用途であった。

捲場建物は、切妻二階建て、レンガ造で積み方はイギリス積み。屋根は平成三年（一九九一）の台風で痛みがひどくなり、木造トラス構造が鉄骨に変更された。ケージ（自重二・八トン、最大積載量一・五トン、搭乗人員二五名）の上げ下げのため、横置単胴複式で直径三九六二ミリメートル、回転数二一・五ＲＰＭの捲胴が常時稼動している。もちろん、当初は蒸気によって駆動していたが、現在は二二五キロワット（三〇〇馬力）回転数五五七ＲＰＭの三相交流誘導電動機がすわっている。ロープは長さ三九〇メートルで、毎分二七〇メートルで動かされていた。

臨時に大きな資材（レールなど）を搬入するためにもう一基ウインチが据え付けられている。捲胴は横置単胴円筒式で、直径一八二〇ミリメートル、幅二七三〇ミリメートル。ロープは直径四六ミリメートル、長さ五〇〇メートル、重量四六五五キログラム。原動機は三相誘導電動機で四五キロワット、回転数は六九八ＲＰＭ。

このほかに安全灯室の入った建物、事務棟（いずれもレンガ造り）も残っている。明治時代の炭鉱坑口施設の中では最もよく残り、当時の施設の復元も可能である。しかも、捲揚機は今も当初のものがそのまま残っている。貴重な存在である。中庭には山の神を祀ってある。大正六年、大牟田町の石工塚本羊郎が刻んだ、堂々たる石の祠である。
〔名称〕　三井三池炭鉱跡　万田坑跡　国の重要文化財・史跡　指定
〔所在地〕　熊本県荒尾市原万田蓮池二五〇

万田坑

▼1

1　万田炭坑全景（複写）

▼2

2　万田坑二坑櫓　昭和46年２月15日

3　万田坑二坑櫓。熊本県荒尾市原万田　平成３年11月10日

▼4

4　万田坑二坑捲室。荒尾市原万田　昭和46年２月15日

▼5

5　万田坑　昭和46年１月３日

▼6

▶
7

6　万田坑二坑　平成15年４月17日
7　万田坑二坑　平成３年11月10日

8　万田坑一坑口のレンガ積と二坑櫓　昭和46年1月3日

▼9

9　万田坑　昭和55年７月22日

▼10

10　万田坑、二坑櫓と捲室。櫓の高さ25m　昭和46年２月15日

▼11

11　万田坑二坑櫓　平成21年10月８日

12　万田坑二坑櫓　平成３年11月10日

▼13

13　万田坑二坑櫓と捲室　平成16年11月15日

▼14

14　万田坑二坑櫓　昭和46年１月３日

▼15

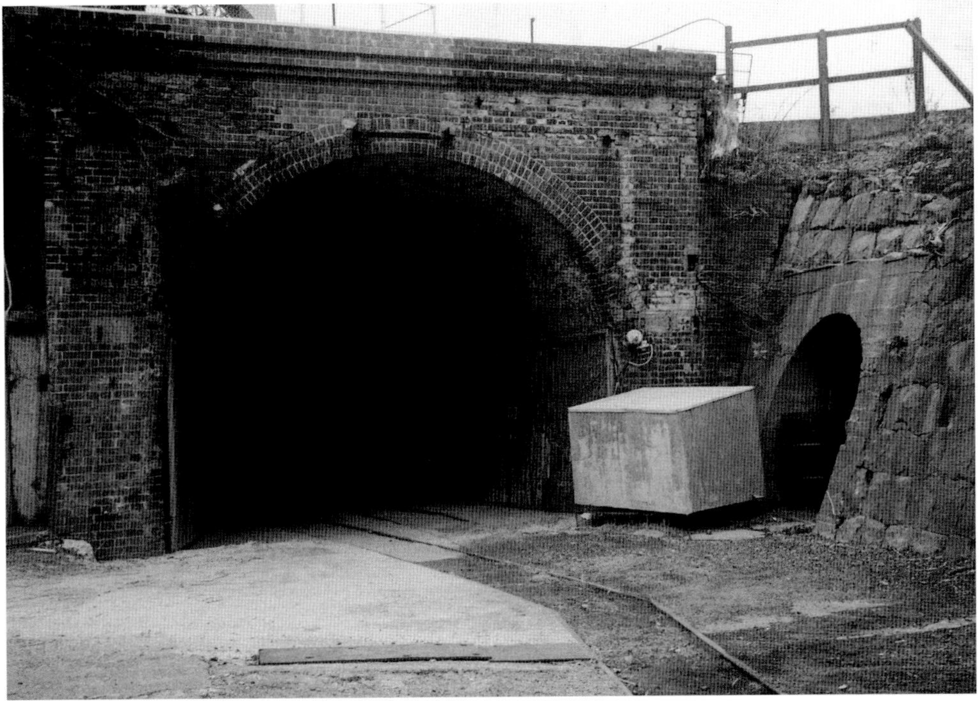

15　万田坑二坑口入口。この先に二坑口がある　平成21年10月８日

16　万田坑二坑口。熊本県荒尾市原万田　平成３年11月10日
（現在ケージは別の場所に置かれている）

▼17

17　万田坑二坑口
坑口形状
開削(着手)年月日
明治31年(1898) 8 月24日
着炭年月日
明治37年(1904) 2 月26日
機能　作業員の昇降、坑内機械の搬入・搬出、排気、揚水
万田坑二坑口。ケージ(エレベーター)の屋根が見えている。
搭載人員　25人(2000kg)
矩形　4.47m ×8.53m、深さ　268.22m　平成 3 年11月10日

▼18

18　袴岳(万田山)と万田社宅土手町。山の片面を削り取ってあるのは土砂を万田坑坑内の石炭採掘跡の充填用に使っていた　昭和55年7月22日

▶
19

19　万田坑二坑櫓と煙突の基礎　昭和46年２月15日

▼20

20　万田坑　従業員のふろ沸かし用と近くの万田分院(病院)に蒸気を送るために石炭ボイラーが１基残っていた

21　煙突の基礎が２基残っている　昭和46年２月15日

▶
21

▼22

22 万田坑。汽缶場と煙突　昭和46年１月３日
（現在は撤去されている）

▼23

23　万田坑の煙突。身のたけもあろうか、ススキに似た雑草が一面においしげり、真昼というのにシーンと静まり返っていた。荒尾市の万田坑跡。入坑している作業員のふろ沸かし用と近くの万田分院(病院)に蒸気を送るために、ボイラーのエントツだけが、せっせとどす黒い煙をはきつづけていた
昭和46年２月15日　(現在は撤去されている)

24　万田坑二坑　昭和46年１月３日

▼25

25　万田坑二坑　昭和46年1月3日

▼26

26　万田坑一坑口　平成15年４月10日

▼27

27　万田坑一坑口　平成15年４月10日

▼28

28　三井三池専用鉄道、万田駅。万田坑二坑櫓と45トン電車　昭和45年４月26日

▼29

29　馬込鉄橋。大牟田市と荒尾市の県境付近を流れる諏訪川上流に、三池鉄道の馬込鉄橋がある。古風なレンガつくりの橋ゲタ、周囲にはミドリの田畑が広がる。このあたり、昔の三池の面影を最もよく残しているところ。「ガタンゴトン」と、のどかな炭鉱電車の音が近づき、やがて鉄橋にさしかかる。おもちゃを思わせるような小さな電気機関車が、石炭を満載した長い貨車をせっせと引っぱっていた。大牟田、荒尾市内を走る炭鉱電車は、延長15.34キロ。三池港駅を起点に、大牟田市桜町と荒尾市緑ヶ丘から２本の旅客線もあった。かつては、社宅とヤマと行き帰りする炭鉱マンたちの専用になっていたが、後では三井三池専用鉄道という別会社になり、一般にも開放していた。昭和37年までは小型の蒸気機関車もときどき使われていた。
大牟田市馬込町　昭和46年３月４日

▼31

▼30

本線の分岐車道。手動式と自動式があった。写真のポイントは手動式。車道の幅は宮原坑と万田坑は69cm
平成３年４月４日

エンドレス線。線路の幅は69cm　平成21年10月８日

一本剣(いっぽんけん)。 車道の分岐点で使用する短い尖ったレールのこと。剣先に似ているのでこの名がつけられたらしい　平成３年４月４日

▲32

▼33

33　機械台車。宮原坑・万田坑で使用されていた　平成３年４月４日

34　炭函(たんがん)　石炭を運搬する鉄製の車、炭車。150cm×90cm　高さ105cm
750kg積。宮原坑・万田坑で使用されていた　平成３年４月４日

▼35

35　坑木台車と長南久太氏　台車は130cm×87cm　高さ105cm　750kg積。
宮原坑・万田坑で使用されていた　平成３年４月４日

▼36

36 行灯車(あんどんぐるま)横型　安導車、道中車、矢弦車、ロープ受車ともいう。坑内外路線のレールの間に設置された輪。牽引用のワイヤーが地面をこすらないように約15m間隔で固定されており、この輪の上をすべっていく。宮原坑・万田坑では直径14cm　幅33cm　平成３年４月４日

37 行灯車(あんどんぐるま)縦型　縦型はカーブの箇所に設置してあった。宮原坑･万田坑では、〈直径24cm　幅41cm〉〈直径24cm　幅59cm〉の２種類あった　平成３年４月４日

▲37

▼39

▼38

38　万田坑　鉄砲錠(幅)25cm　(高さ)34cm
平成15年４月17日
39　万田坑二坑口外灯　平成３年11月10日

▼40

40　信号ベル　平成21年10月8日

41　万田坑二坑口、合図の信号ベル　平成３年11月10日

◀41

▼42

42　万田坑二坑口、鐘引き小屋　平成３年11月10日

▼43

43　万田坑、消防備品　平成15年４月17日

44　万田坑、油倉庫　平成15年４月17日

◀44

45　万田坑正門の守衛小屋　昭和55年７月22日

◀
46

◀
47

46　万田坑、倉庫と線路　平成21年10月８日
47　万田坑、倉庫　平成21年10月８日

▶
48

▶
49

48　万田坑、倉庫と資材置場　平成21年10月８日
49　万田坑、職場と倉庫　平成21年10月８日

50　事務所　閉坑前は二階を坑長室に使用していた。昭和26年閉坑
平成21年10月８日

▶
51

▶
52

51　万田坑二坑口通路　平成３年11月10日
52　万田坑から万田社宅へぬけるトンネル入口　平成21年10月８日

▼53

53　万田坑側トンネル入口(荒尾市から大牟田市へぬけるトンネル)　昭和46年６月13日

宮原坑

▼57

54 宮原坑二坑竪坑櫓。大牟田市宮原町　昭和46年11月26日
55 宮原坑二坑竪坑櫓。大牟田市宮原町　昭和46年11月26日

56 宮原坑。大牟田市宮原町　昭和46年11月26日
57 宮原坑、竪坑櫓と捲室　昭和46年11月26日

▼59

▼58

◀60

58　「宮ノ原小頭　大正十一年二月廿二日　力丸」大牟田市竜湖瀬町、竜湖瀬墓地　昭和44年６月７日

59　世話方(せわかた)　昔は、義理人情の厚い人が多かったせいか、自分たちの上司の墓を世話方一同で建てている　昭和44年６月７日

60　馬丁(馬夫)　馬丁の人たちが責任者である「小頭」の墓を建ててやったのか台石に名前を刻んであった。大牟田市竜湖瀬町、竜湖瀬墓地　昭和44年６月７日

61　宮原坑。囚人が鎖に繋がれて歩くときに使われた特大の錠前。
大牟田市宮原町　昭和46年11月26日

◀ 62

62　宮原坑。大牟田市宮原町　昭和46年11月26日

坑内労働・設備

坑内労働の撮影

撮影現場　福岡県大牟田市四山町港沖　四山坑
　　　　　有明海海面下　五二〇メートルの坑内現場
撮影年月　昭和四二年(一九六七)
　　　　　〃　五三年(一九七八)

坑内労働の写真は私の職場である「港沖四山鉱」で写した。普通の坑外の写真は誰でも写せるので自分の勤めている炭鉱の坑内を写そうと思った。それでも炭鉱マンである私でも炭坑で写真を写す仕事などはない。坑内労働の写真を写すには会社の許可が必要だが、何時天井から何トンもある岩盤が落ちてくるか分らず、またガス爆発の危険もあるため、会社に願っても許可はしてくれない。

考えた末に、懇意にしていたある坑内の係長に話したところ、その人が便宜をはかってくれて日時などを指示してくれた。昼間は自分の仕事があるので、土曜日の三番方(夜勤夜九時ごろより翌朝五時ごろまで)に入坑した。係長が言うには、絶対に怪我しないように、私用で入坑したのだから怪我しても労災保険の適用はうけられないとのことだった。

坑内の仕事は真っ暗な作業現場での重労働なので負傷者が多く出ていたので保安に充分注意しながら一〇回近く現場に通い、坑内労働の写真を写した。そうして、今このように三池炭鉱の坑内の作業現場の写真を残すことが出来た。

▶ 63

▶ 64

63 港沖四山鉱竪坑の坑底。深さ、有明海海面下520m。ここから電車に乗り坑内の現場へ向かう。ここが四山鉱坑内の起点になっていた
昭和42年 7 月15日

64 港沖四山鉱竪坑の坑底。ケージ(エレベーター)を降り、水平人車(電車)停留所に向かうところ
昭和42年 7 月15日

▼65

65 港沖四山鉱、520m 1 目抜特高変電所。土山国雄さん、中村寛さん
昭和53年 3 月 4 日

弦書房
出版案内

2025年

『不謹慎な旅２』より
写真・木村聡

弦書房

〒810-0041　福岡市中央区大名2-2-43-301
電話　092(726)9885　FAX　092(726)9886
URL　http://genshobo.com/　E-mail　books@genshobo.com

◆表示価格はすべて税別です
◆送料無料（ただし、1000円未満の場合は送料 250円を申し受けます）
◆図書目録請求呈

◆渡辺京二史学への入門書

渡辺京二論 隠れた小径を行く

三浦小太郎　渡辺京二が一貫して手放さなかったものとは何か。「小さきものの死」から絶筆『小さきものの近代』まで、全著作を読み解き、広大な思想の軌跡をたどる。

2200円

渡辺京二の近代素描4作品（時代順）

＊「近代」をとらえ直すための壮大な思想と構想の軌跡

日本近世の起源 戦国乱世から徳川の平和へ

【新装版】1900円

室町後期・戦国期の社会的活力をとらえ直し、徳川期の平和がどういう経緯で形成されたのかを解き明かす。

黒船前夜 ロシア・アイヌ・日本の三国志

【新装版】2200円

◆甦る18世紀のロシアと日本　ペリー来航以前、ロシアはどのようにして日本の北辺を騒がせるようになったのか。

江戸という幻景【新装版】

1800円

江戸は近代とちがうからこそおもしろい。『逝きし世の面影』の姉妹版。

小さきものの近代 1・2（全2巻）

各3000円

明治維新以後、国民的自覚を強制された時代を生きた日本人ひとりひとりの「維新」を鮮やかに描く。第二十章「激化事件と自由党解党」で絶筆・未完。

潜伏キリシタン関連本

【新装版】かくれキリシタンの起源 信仰と信者の実相

中園成生　「禁教で変容した信仰」という従来のイメージをくつがえす。なぜ二五〇年にわたる禁教時代に耐えられたのか。

2800円

FUKUOKA uブックレット⑨ かくれキリシタンとは何か オラショを巡る旅

中園成生　四〇〇年間変わらなかった信仰——現在も続くかくれキリシタン信仰の歴史とその真の姿に迫るフィールドワーク。

680円

アルメイダ神父とその時代

玉木讓　アルメイダ（一五二五～一五八三）終焉の地天草市河浦町から発信する力作評伝。

2700円

天草島原一揆後を治めた代官 鈴木重成

田口孝雄　一揆後の疲弊しきった天草と島原で、戦後処理と治国安民を12年にわたって成し遂げた徳川家の側近の人物像。

2200円

天草キリシタン紀行 﨑津・大江・キリシタンゆかりの地

小林健浩［編］﨑津・大江・本渡教会主任司祭［監修］　隠れ部屋や家庭祭壇、ミサの光景など﨑津集落を中心に貴重な写真二〇〇点と四五〇年の天草キリスト教史をたどる資料

◆石牟礼道子の本◆

石牟礼道子全歌集 海と空のあいだに

解説・前山光則　一九四三〜二〇一五年に詠まれた未発表短歌を含む六七〇余首を集成。　2600円

花いちもんめ【新装版】

70代の円熟期に書かれたエッセイ集。幼少期少女期の回想から甦る、失われた昭和の風景と人々の姿。巻末エッセイ／カライモブックス　1800円

【新装版】ヤポネシアの海辺から

対談　島尾ミホ・石牟礼道子　南島の豊かな世界を海辺育ちのふたりが静かに深く語り合う。　2000円

非観光的な場所への旅

満腹の惑星 誰が飯にありつけるのか

木村聡　問題を抱えた、世界各地で生きる人々の御馳走風景を訪ねたフードドキュメンタリー。　2100円

不謹慎な旅 1・2 負の記憶を巡る「ダークツーリズム」

木村聡　哀しみの記憶を宿す、負の遺産をめぐる場所へご案内。40＋35の旅のかたちを写真とともにルポ。　各2000円

戦後八〇年

占領と引揚げの肖像 BEPPU 1945-1956

下川正晴　占領軍と引揚げ者でひしめく街、別府がBEPPUであった頃の戦後史。地域戦後史を東アジアの視野から再検証。　2200円

占領下の新聞 別府からみた戦後ニッポン

白土康代　別府で、占領期の昭和21年3月から24年10月までにGHQの検閲を受け発行された52種類の新聞がプランゲ文庫から甦る。　2100円

日本統治下の朝鮮シネマ群像《戦争と近代の同時代史》

下川正晴　一九三〇〜四〇年代、日本統治下の国策映画と日朝映画人の個人史をもとに、当時の実相に迫る。　2200円

◎FUKUOKA *U* ブックレット◎

㉒中国はどこへ向かうのか 国際関係から読み解く

毛里和子・編著　不可解な中国と、日本はどう対峙していくのか。　800円

㉖往還する日韓文化 日本文化開放から韓流ブームまで

伊東順子　政治・外交よりも文化交流が大切だ。　700円

㉗映画創作と内的対話

石井岳龍　内的対話から「分断と共生」の問題へ。　800円

近代化遺産シリーズ

産業遺産巡礼《日本編》

市原猛志　全国津々浦々20年におよぶ調査の中から、選りすぐりの212か所を掲載。写真六〇〇点以上。その遺産はなぜそこにあるのか。

2200円

筑豊の近代化遺産

筑豊近代遺産研究会
日本の近代化に貢献した石炭産業の密集地に現存する遺産群を集成。巻末に300の近代化遺産一覧表と年表。

2200円

九州遺産《近現代遺産編101》

砂田光紀　世界遺産「明治日本の産業革命遺産」九州内の主要な遺産群を収録。八幡製鉄所、三池炭鉱、集成館、軍艦島、三菱長崎造船所など101施設を紹介。

【好評11刷】 **2000円**

熊本の近代化遺産 上 下

熊本産業遺産研究会・熊本まちなみトラスト
熊本県下の遺産を全2巻で紹介。世界遺産推薦の「三角港」「万田坑」を含む貴重な遺産を収録。

各1900円

北九州の近代化遺産

北九州地域史研究会編　日本の近代化遺産の密集地北九州。産業・軍事・商業・生活遺産など60ヶ所を案内。

2200円

歴史再発見

明治四年久留米藩難事件

浦辺登　明治初期、反政府の前駆的事件であったにも関わらず、闇に葬られてきたのはなぜか。

2000円

マカオの日本人

マヌエル・テイシェイラ・千島英一訳　一六〜一七世紀、開港初期のマカオや香港に居住していた日本人とは。

1500円

球磨焼酎　本格焼酎の源流から

球磨焼酎酒造組合［編］　米から生まれる米焼酎の世界を、五〇〇年の歴史からたどる。

1900円

玄洋社とは何者か

浦辺登　テロリスト集団という虚像から自由民権団体という実像へ修正を迫る。

2000円

歴史を複眼で見る　2014〜2024

平川祐弘　鷗外、漱石、紫式部も、複眼の視角でとらえて語る。ダンテ『神曲』の翻訳者、比較文化関係論の碩学による84の卓見！

2100円

明治の大獄　尊王攘夷派の反政府運動と弾圧

長野浩典　「廃藩置県」前夜に何があったのか。河上彦斎（高田源兵）、儒学者毛利空桑らをキーパーソンに時代背景を読み解く。

2100円

▼66

66　人車捲場。有明海海面下520mの四山鉱上層三五昇(捲場の個所)800馬力の人車捲場。運転手の中川さんはホーリング(人車に接続したワイヤーを捲き揚げ捲き卸しするための機械)を運転していた　昭和53年３月４日

67　10目抜人車停留所。港沖四山鉱、有明海海面下520m坑道、10目抜。坑底と採炭現場を結ぶ「人車」。約10両を連結し一度に約180人を運ぶ。坑道は入気用と排気用の２本でセットになっている。それを結ぶのが、ダイヤ表にある「目抜」と呼ばれる通路だ。約200m間隔で、坑底から順に「１目抜」「２目抜」と番号が打ってある　昭和42年６月11日

▼68

68　仕事を終えて電車を待っている　昭和42年６月11日

▼69

69　通気門　通気門とは空気が逃げないように、木製の門にビニールを張ってある。人が通るときは小さい扉を開けて通る。空気圧がかかっているので、開けるのに力がいる。開けたら元に閉めておかなければならない。
港沖四山鉱、有明海海面下520m坑道　昭和42年 6 月11日

▼70

70　排気道　汚れた空気を坑外に出す坑道　昭和42年７月15日

71　坑内の防爆用電話　坑内には見張所がところどころにあり、そこに電話が設置してある。坑内の連絡手段として活躍するのが電話。坑内作業は、正確な業務連絡が命。誤った情報が伝われば、即事故につながり危険を伴う
昭和42年６月11日

▼72

72　港沖四山鉱の掘進現場。アーチ枠を張っている。危険な仕事である
昭和42年８月５日

▼73

73　港沖四山鉱の掘進現場　掘進用の削岩機でダイナマイトの穴を穿っている
昭和42年８月５日

▶
74

74　採炭用の削岩機(オーガノミ)で炭層にダイナマイトの穿孔作業　港沖四山鉱、有明海海面下520m坑道の採炭現場　昭和42年７月15日

▼76

▼75

75　穿孔　炭壁に削岩機(オーガノミ)でダイナマイトの穴をあけている
昭和42年７月15日

76　採炭現場の発破　岩盤に削岩機でダイナマイトの穴をあけて、マイトを装塡して、通行禁止のロープをはり、厳重に警戒してから発破器のスイッチを入れる　昭和42年５月21日

▼77

77　天井落とし　坑内は天盤が落ちる、側壁は崩落する、盤ぶくれもする。坑道が狭くなるので、天盤にダイナマイトをかけて天井を落とす。港沖四山鉱、有明海海面下520m坑道の採炭現場　昭和42年5月21日

◀ 78

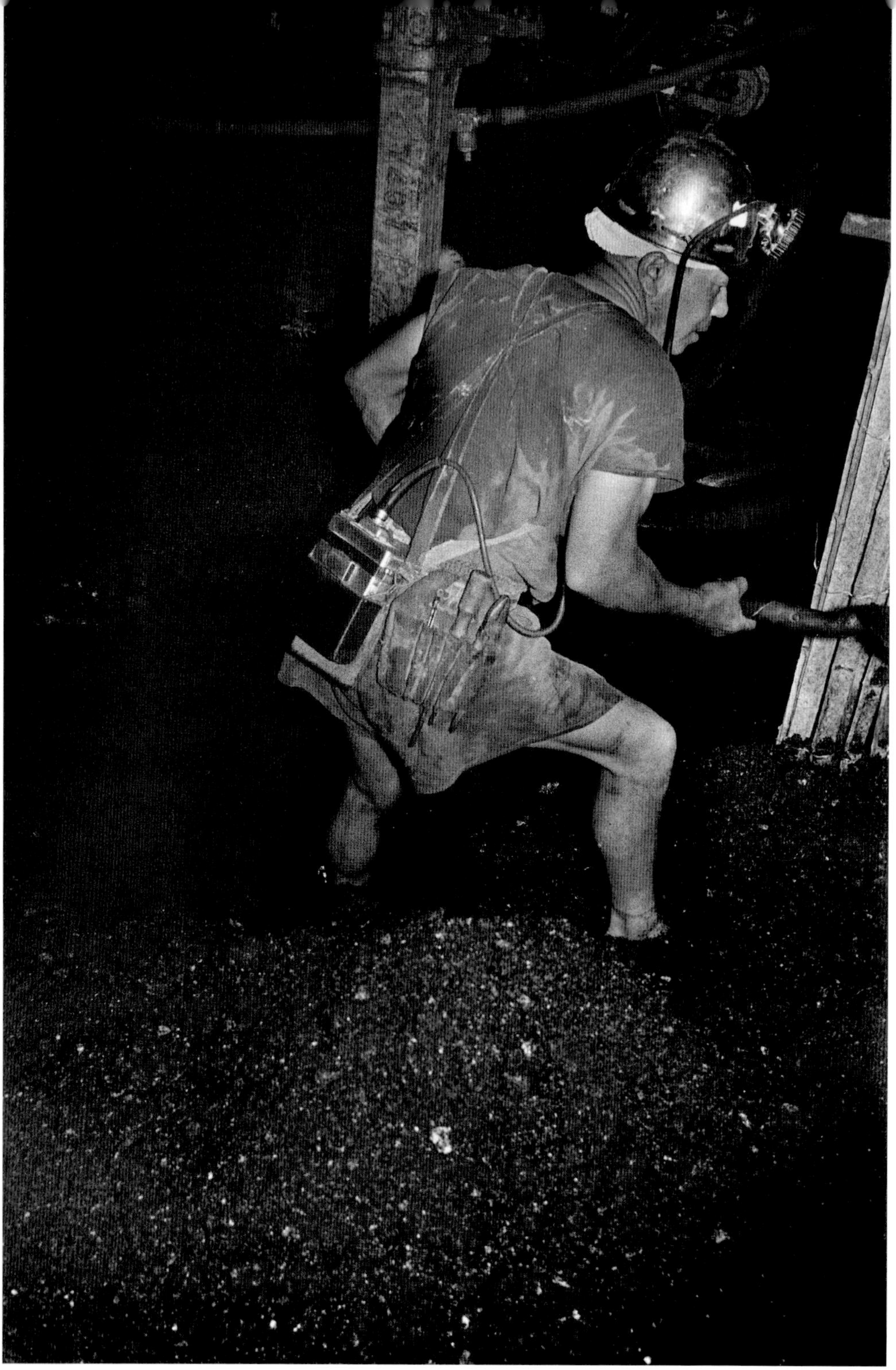

▶ 79

▼80

80　ドラムカッター(石炭を採掘する機械)はカッターが松岩(炭層の中にある硬い岩)に当たると火花が出る。白い線は火花。港沖四山鉱上層35添卸西5片払(自走枠払)。有明海海面下520m　昭和53年３月４日

78　内機工(坑内機械工)　採炭現場に原動機(モーター)の据え付け工事の準備をしている。安全灯のバッテリー、ペンチ、スパナなどの工具を腰に下げている　昭和42年６月11日

79　ショベリング　採炭現場、ホーベル(採炭用機械)にボタ(岩)がつまったのをショベルでのけている。作業員の前にあるのがホーベルで、炭層を崩しながら左右にチェーンで引っ張りながら動くようになっている。払(炭層)の長さは50mから100mある。港沖四山鉱、有明海海面下520m坑道　昭和42年７月15日

▼81

81　ドラムカッター(石炭を採掘する機械)。ドラムカッターは轟音を響かせ、粉炭をまきあげながら払(切羽)を行ったり来たりして石炭を切崩していた。払(炭層)の長さは50mから100mの個所もある。港沖四山鉱上層35添卸西5片払(自走枠払)。有明海海面下520m　昭和53年3月4日

◀82

82　掘進現場のボタ積み作業　昭和42年８月５日

▼83

83　ローダー(石炭積込機)を運転している紫垣さん。右上の丸い大きな管は送風管で、坑内の空気を綺麗にして温度も下げる　昭和53年３月４日

▼84

84　チェーンブロック運搬　坑道は狭く、そのうえ天井は低く足もとには岩がごろごろして歩きにくいところを重いチェーンブロックを成木(なるぎ。小さな坑木)にチェーンを巻きつけて「ドッコイチンチン、ドッコイチンチン」と掛け声を掛けながら２人で担って運搬していた。前の人は尾前さん。四山鉱(港沖)、有明海海面下520m　昭和42年５月21日

▶
85

85　鉄柱運搬。鉄柱を炭函に積み込んでいる　昭和42年６月11日

86　チェーンブロック操作中の田上泉さん。港沖四山鉱　昭和42年６月11日

▼88

▼87

87　採炭現場で作業中の払採炭工・田上泉さん。港沖四山鉱
昭和42年６月11日

88　飲料水　採炭現場は高温で常に30度以上ある。水をよく飲む。ときには塩もなめる。仮手当所に塩の錠剤を準備してある。塩分が不足すると身体がだるくなり酷いときには熱中症になる　昭和42年６月11日

89　坑道　放置しておくと、天井の岩は落ち下がり、地盤は「盤ぶくれ」と言って膨れ上がる。常時補修が必要である　昭和42年７月15日

▼90

90　休憩所に簡単なテーブルと腰かけが置いてある。こんな場所で食事ができるのは贅沢であった　昭和42年６月11日

◀
91

▼92

92　地下520mの弁当　坑内の食事は作業現場で食べるのが普通である。坑木に腰掛けて食べている、後ろに立ててあるのは「竹簾」で炭壁や岩盤が崩落しないように立ててある。坑内で食事するのは昼だけとは限らない。一番方のときは朝10時ごろ、二番方は夕方、三番方は夜勤のため深夜とさまざま。忙しいときは交替で立食することもあった。港沖四山鉱払採炭現場、大牟田市四山町四山地先　昭和42年５月21日

91　地下520mの弁当　有明海海面下520mの坑内の採炭現場で食事。常に暑く暗く狭い坑内で噛み締める弁当の味は格別美味しかった。坑内で一番楽しいのは弁当を食べることと、仕事を終えて坑外に上がることであった。港沖四山鉱　払採炭現場　520m１号払（大牟田市四山町四山地先）の塩足貞行氏　昭和42年５月21日

93 休憩時間中。温度が高く、作業衣が汗で濡れて仕事がしにくいので、休憩時間を利用して汗をふいている。港沖四山鉱、有明海海面下520m採炭現場
昭和42年 5 月21日

▼ 94

94　港沖四山鉱坑内。仕事を終えて電車の停留所へ急ぐ山田さん
昭和42年６月11日

◀ 95

▼96

96 散水　ベルトコンベアで石炭とボタが流れて来る。ガス・炭塵発生防止のための散水をしている　昭和42年７月15日

95 仕事を終えて人車乗場へ急ぐ。日曜日の予定工事を終えて、笑顔で人車に乗り、坑底より竪坑ケージで坑外へ上がる。予定工事とは休日しかできない仕事。港沖四山鉱、有明海海面下520m坑道　昭和42年５月21日

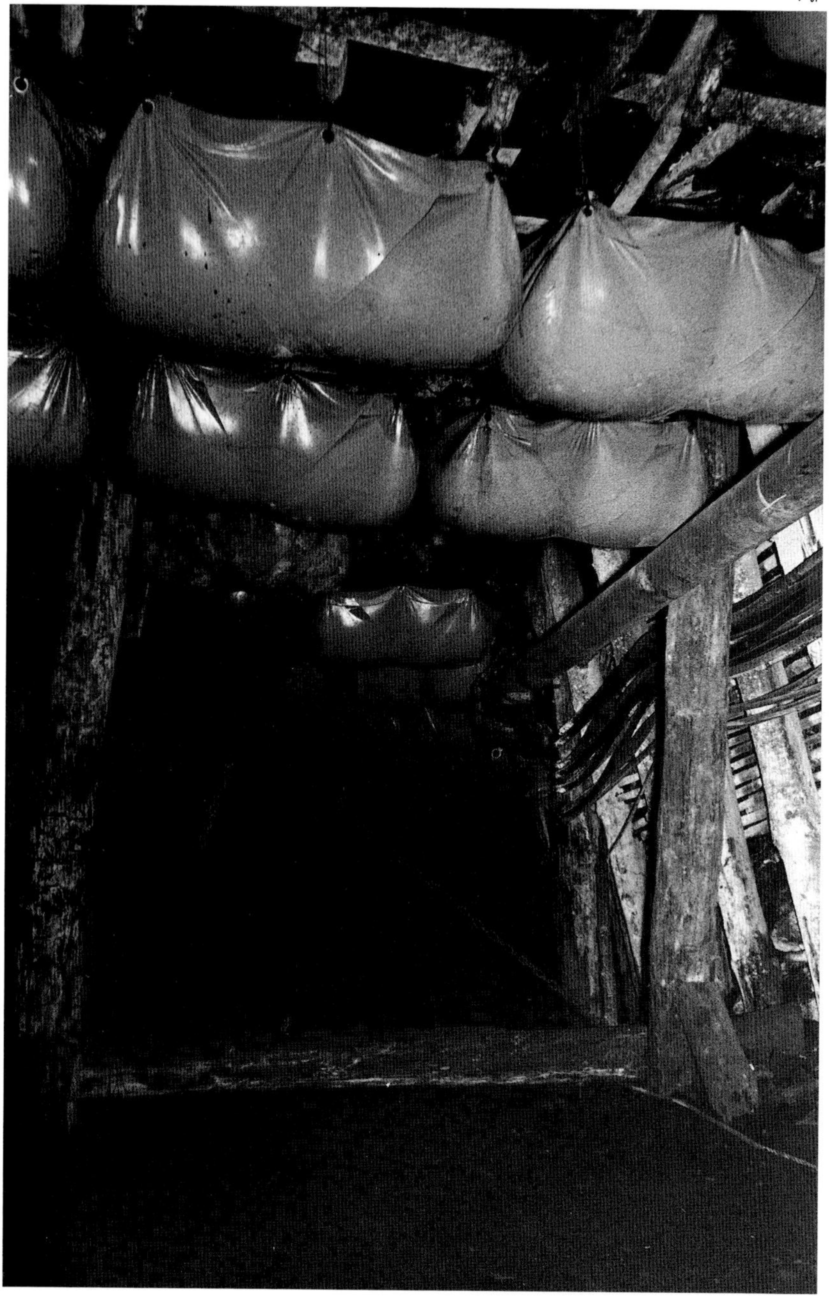

97　坑内火災防止の水袋　坑道の天井に奥行き60cm横幅80cmくらいの水袋を六列奥行き20mくらい下げてある。炭塵爆発が起きればその爆風で水が落下し火災を防止するようになっている　昭和42年7月15日

▼98

98　水圧鉄柱　払(切羽)の中に立てられており、水圧で伸縮できる。重さ90kg、長さ2.5m。坑内では一人で動かす　昭和42年7月15日

▼100

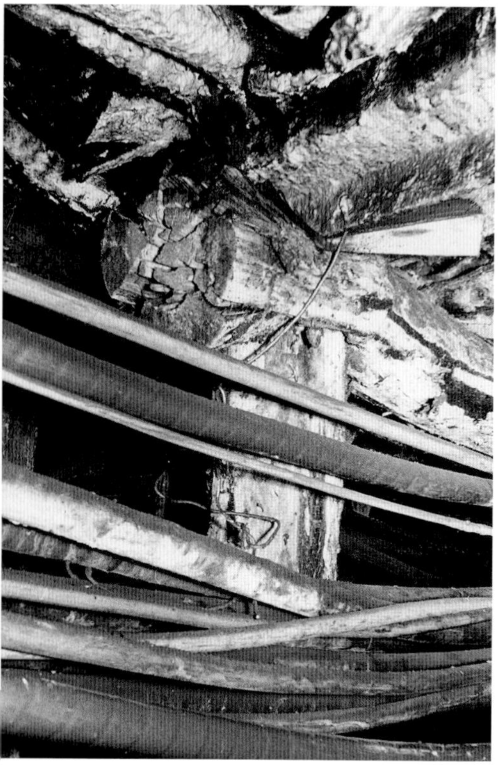

▼99

99・100・101・102　坑道の枠張　直径30～35cmの松の坑木も天井の荷圧で折れたり裂けたりする。こんな個所がわかればすぐに補修する
昭和42年６月11日

▶
101

▶
102

◀
103

103　払あと　払(切羽、採炭現場)で石炭を掘り終えると採炭機械は前進するので、後の鉄柱を撤去する。そこが払あとで、天井から岩が落ち放題。最も危険な個所　昭和42年６月11日

▶
104

104　米ノ山層　炭層が地表に露出しているのを露頭炭という。標高約60m、大牟田市米ノ山　昭和51年11月24日

◀
105

105　炭層　有明海海面下520mの炭層。520m坑道の下層に600mの炭層があり採炭もしていた。600m炭層の下に更に650mの炭層があった、坑道は出来ていたがあまり深いのでガスが多く温度が高いので採炭は出来なかった。海面下650m坑道は三池炭鉱で一番深い坑道であった。炭層の厚さ約６ｍ、港沖四山鉱坑内の採炭現場、１号払い　昭和42年７月15日

▼106

106　ボタ捨て場(岩石捨て場)　機械化が進みダンプカーでボタ(岩石)を海に捨てていた。長い年月有明海を埋めていたので広大な土地ができ、そこに炭鉱の社宅が建てられていた。大牟田市四山町四山地先　昭和51年10月10日

107　ボタ捨て場(岩石捨て場)　この頃まではダンプカーはなく人力でボタ(岩石)を海に捨てていた。荒尾市大島海岸　昭和37年5月1日

炭鉱《ヤマ》の仲間・くらし

◀
108

108　昭和52年８月７日

▼110

110　南さん　昭和57年８月28日

▼109

109　昭和55年５月24日

111　鋸の目立　昭和45年12月15日

▼112

112　脱衣場(更衣室)　吊り下げられているのが鉄製の脱衣籠。港沖四山鉱鉱員用、大牟田市四山町四山地先　昭和52年４月21日

113　旧四山坑鉱員浴場　昭和37年11月１日

▶
114

▶
115

114　万田坑の共同浴場　平成21年10月８日
115　安全灯(キャップランプ)充電室　平成21年10月８日

116　金受け(給料日)　四山鉱人事係事務所　昭和44年８月９日

▼117

117　金受け（給料日）　夏のボーナス。四山鉱人事係前。荒尾市大島
昭和44年８月13日

▼119

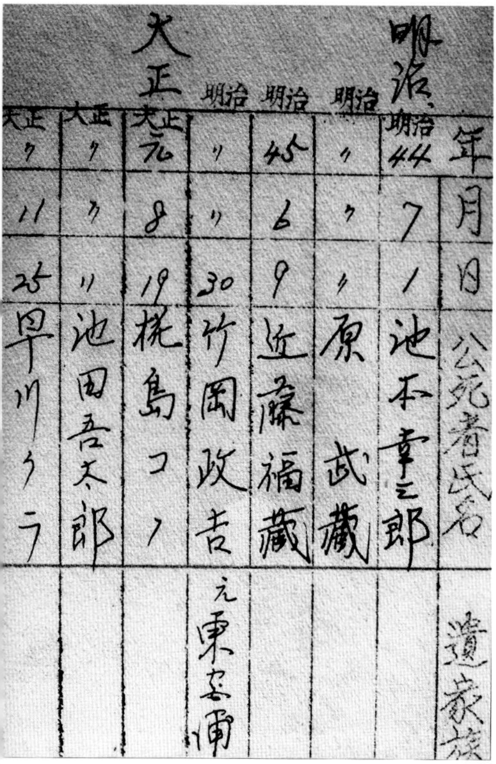

▼118

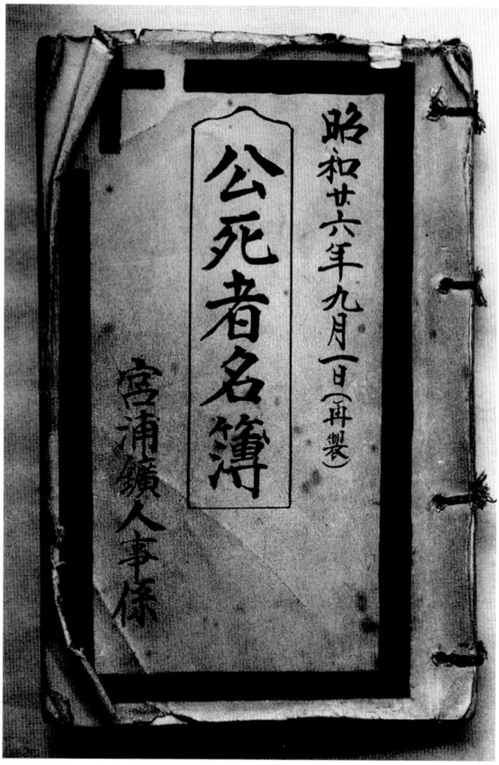

118・119　公死者名簿　宮浦鑛人事係　昭和45年８月16日

炭鉱《ヤマ》の設備・道具

▼ 120

120　万田坑二坑捲室。ケージの昇側のウインチ　平成３年５月21日

▼121

121　万田坑二坑捲室。ケージの卸側のウインチ　平成３年５月21日

122　万田坑二坑捲室　臨時に大きな資材(レールなど)を搬入するためのウインチ。捲胴は直径1820㎜、幅2730㎜　平成３年５月21日

▶
123

▶
124

123・124　浜坑木置場　大牟田市新開町　昭和53年３月25日

125　貯炭場　三池港務所　昭和41年11月１日

▼126

126　炭鉱汽車(蒸気機関車)　明治24年、三井三池炭鉱社では、機関車を買い入れ、宮浦坑から横須まで、馬車軌道を廃して石炭運搬に蒸気機関車を利用した。「炭坑汽車」の呼び名で親しまれてきた汽車ポッポは昭和37年まで71年間走り続けた。同年11月10日に電車に切り替えられた。それまで機関車は５輛あった。三井三池専用鉄道、万田駅　昭和35年10月16日

▼ 127

127　炭坑の通勤電車、万田駅　昭和59年１月１日

128　石炭ストーブ　炭鉱の坑外事務所、詰め所、作業所などでは冬の暖房用に石炭ストーブを使用していた。ストーブの大きさは使用個所により大、中、小と種々の型があり自家製であった。職場に溶接工、仕上工、旋盤工などの職種の人たちがいたのでストーブぐらい簡単に作っていた。思い出すのは冬の“弁当ぬくめ”。寒い日はストーブに石炭を一杯入れて燃やすと、鉄板が焼けて赤くなっていた。このストーブの上にアルミ製弁当箱を置き、弁当を温めていた。うっかりして弁当箱を下ろすのを忘れていてご飯を黒く焦がして同僚たちの笑いの種になっていた。漬物の匂いなどが事務所中にプーンと漂う仕事場であった。(高さ)90cm(幅)58cm　万田坑職場
平成15年４月17日

▶
128

▼130

▼129

129･130　工具　昭和44年８月14日

▼ 132

132　工具　昭和44年８月14日

▼ 131

131　ツルハシさま　坑内の最前線、切羽で働く採炭工はヤマの花形。むかしはツルハシをふるって石炭を掘り出していたので、ツルハシが大事にされていたのはいうまでもない。このツルハシは、会社が道具代を支給していたので自分の所有になっていた。自分のものとなれば、愛着心はなおさら深くもなろう。もと万田坑に勤めていた老坑夫は、会社を定年退職していらい何十年という長いあいだ、ツルハシを床の間に飾り、磨きあげ、毎日神仏のように礼拝していた。「私がこんにちあるのは、ツルハシさまのおかげ」と語ったものである。この老坑夫の“ツルハシさまのおかげ”という感謝の気持ち、素朴な人間感情だけは、炭鉱が閉山しても失いたくないものである。同じ“おかげ”でも“おれのおかげ”と恩を着せるより、双方が“あなたのおかげ”と感謝し、寄り添うところに、トゲのない人生の妙味があろう　昭和44年８月14日

133　採炭ツルハシ　昭和37年11月１日

炭鉱の社宅

炭住スケッチ

三池炭鉱の社宅の名称は次のように変わっている。
小屋、納屋、長屋、社宅。
三池炭鉱で始めて「坑夫小屋」が造られたのは官営時代の明治六年でワラ葺きの掘建て造りであった。坑夫小屋が「坑夫納屋」に改名されたのは明治二七年頃、坑夫納屋が「坑夫長屋」に改められたのは明治四三年、大正六年には万田坑に二階建ての坑夫長屋が新築された。坑夫長屋が「社宅」と改名されたのは大正九年からである。社宅の呼称は平成九年の閉山まで続いた。荒尾市万田社宅の鉱員社宅の戸数は昭和二八年五月で六八四四戸あった、平成一〇年までに全社宅が解体された。

町名は宮坂町、山ノ上町、山下町、通町、万町、土手町、仲町、西町（昭和一一年建築）があった。平屋造りと二階建てがあった。建物は一棟を五軒・七軒・八軒・一〇軒のハーモニカ長屋（棟割り長屋）で、壁だけで仕切ってあり、万田坑開坑当時には一四軒の長屋もあった。水道、便所は昭和三〇年ころまでは共同で使用していた。風呂は閉山になるまで共同浴場を使用していた。床屋さんは料金の安い厚生理髪店を使用していた。

社宅の生活はみんなが家族みたいな生活であり、よその子供も自分の子供のように可愛がっていた。向こう三軒両隣りで仲良く暮らしていた。話し声が聞こえる所で人情豊かな人たちとの心の触れ合いは絶対忘れることはないと思う。社宅に住んでいた人たちのなかには父も母もここで死んだら気持ちだけは、社宅を墳墓の地にしていた人もいた。

炭坑の社宅は解体されてしまい今では失われた風景である。

▼134

134　万田社宅仲町土手町竪坑櫓、手前に県道　昭和55年７月22日

135　万田講堂(左側)と万田坑二坑櫓の手前、土手町社宅　平成元年２月13日

▼136

136　万田社宅山下町　昭和45年３月29日

◀137

◀138

137・138　万田社宅西町、昭和11年建築、平成10年解体　昭和55年７月22日

▼139

139　万田宮坂町社宅　昭和45年４月26日

140　鯉のぼりと万田宮坂町社宅　昭和45年４月26日

▶
141

141　万田社宅土手町　昭和55年７月22日

◀
142

◀
143

142　万田宮坂町社宅　昭和55年７月22日
143　万田社宅土手町　昭和55年７月22日

▶
144

144　万田社宅土手町　昭和45年３月29日

◀145

◀146

145　万田社宅仲町６棟　昭和45年３月29日
146　万田社宅仲町　昭和45年３月29日

▼147

147　万田社宅仲町・宮坂町　昭和45年３月29日

148　万田社宅仲町７棟　昭和46年２月６日

▼149

149　万田社宅仲町　２棟とも７軒のハーモニカ長屋であった。明治35年ごろ建てられている。会社の保健婦さんが訪問していた　昭和46年２月６日

◀
150

◀
151

150　万田社宅通町１棟から　昭和45年３月29日
151　万田社宅通町18棟　昭和45年３月29日

▶
152

152　万田社宅通町21棟　明治・大正時代に建てられた社宅の入り口(玄関)は、3尺(90cm)のガラス戸が一枚だけ立ててあった。明治40年ごろの建築
昭和43年3月10日

153　万田売店　昭和55年７月22日

▼ 154

154　万田講堂　昭和55年７月22日

▼155

155　万田社宅仲町、かまどと水溜め　平成２年７月５日

▼156

156　宮原社宅。大牟田市宮原町　昭和45年10月８日

157　宮原社宅。大牟田市宮原町　昭和45年10月８日

▶
158

▶
159

158　宮原社宅。大牟田市宮原町　昭和45年10月８日
159　宮原社宅。明治33年頃建築。大牟田市宮原町　昭和45年10月８日

160　宮原講堂。大牟田市宮原社宅　昭和45年10月８日

ヤマの神

▼161

161　山の神石祠。大牟田市の石工・塚本羊郎、大正５年作。万田坑柵内
平成３年11月10日

▼ 162

162　丙方出役優勝者の石灯籠　三番方は深夜作業で生命の危険がつきまとう坑内は誰でも出勤したがらない、夜９時ごろ普通の人が寝る時間に、作業着に着替えて入坑するのだから嫌がるのは当然である。会社の対策で採炭夫の甲方、乙方、丙方に出勤競争をさせていた。優勝した方を褒賞していた。優勝した方の者は、山ノ神のおかげで元気に働くことができたという感謝の気持ちから、山ノ神に石灯籠を献納するようになったので、これから二年、三年そうした石灯籠が構内と高台に続々建てられた。万田坑跡　山ノ神祠　灯籠竿石銘　大正７年６月30日献納　平成３年５月27日

163　万田大山祇神社　昭和55年７月22日

164　大正５年11月建立の鳥居「萬田採鉱夫氏子中」
平成元年２月13日
（現在は、神社、鳥居とも撤去されている）

▶
165

165　万田社宅内、大山祇神社大鳥居、昭和６年10月建立　昭和55年７月22日
（現在は撤去されている）

◀166

166 万田社宅内、大山祇神社。狛犬阿形　昭和６年10月吉日　荒尾町萬田社宅　木(本)村学
平成元年２月13日

167 万田社宅内、大山祇神社　狛犬吽形　渡辺組、山崎組、江上組、島組で狛犬を奉納していた
平成元年２月13日
(現在は撤去されている)

◀167

慰霊塔

168　中国人殉難者慰霊之碑(右)と不二之塔(左)、荒尾市樺、正法寺　平成７年12月25日

中国人殉難者供養塔建立碑文

第二次世界大戦によって強制労働を強いられ労苦の果て望郷の念たちがたきまま、異国の地に尊い人命を犠牲にされた多くの中国人殉難者に対し深甚なる哀悼の意を表すと共に永遠に追善供養の真を捧げんが為、供養塔建立を発願し僧俗一体となり県下各地を托鉢し広く県民の世論に訴え真心こもる浄財を賜わり、茲に念願の供養塔をゆかりの深き当山に建立し得た事は、偏に月輪大師の五霊徳の然らしめる処であり県民の理解ある御支援御強力の賜と深謝の意を表する次第である。

願わくば月輪大師の超宗派的教学の御心に添い世界の平和と共存共栄を仏教徒として、国交回復の一日も早からんことを念願し、日中両国の国際親善に聊かでも寄与せん事を願う次第である。

昭和四十七年四月十二日

小岱山八十八ケ所開創事務局

不二之塔建立碑文

第二次大戦に依って中国人殉職者と同様、強制労働を強いられた朝鮮人労働者は、苛酷な労働と差別待遇を受け労苦の果て望郷の念たちがたく、異郷の地に尊き人命を犠牲にされた多くの殉難者に対し、深甚なる哀悼の意を表すると共に、斯かる不祥事の二度となきを誓願し、永遠に供養の真を捧げんが為、不二之塔建立を発願せり。

不二とは本来一つであると云う仏教用語である、戦後不幸にして二つに分離し現在に至るも尚交流なき南北朝鮮人の悲劇はまさに憂うべき事である、然し乍ら一つに成ろうとする努力は双方にあり近き将来平和的交渉に依って必ずや統一されるであろうことを信じて疑わない、願はくは殉難尊霊に対し南北朝鮮人が一体となり祖国再建興隆に努力される事を念願する次第である。

昭和四十七年十月二十九日

小岱山八十八ケ所開創事務局

▼169

169　三井三池炭鉱中国人殉難者慰霊塔　荒尾市樺、小代山中　平成７年12月25日
（次頁の文章はこの碑の裏側に刻まれたもの）

悲しみは国境を越えて

ここに眠る中国人殉職者五六四柱のみ霊は第二次世界大戦末期三池炭鉱で強制労働に就役せしめられた犠牲者であります。当時「兎狩り作戦」と称したこの事件はその名の如く無辜の住民、無力な非戦闘員をまるで兎を狩るが如く強制連行した非人道的な事件でした。彼らは生木を裂かれる思いで肉親たちと別れて来ました。併も虐待、拷問、事故等によって現場で惨死した五六四名の、生きて母国へ帰還できなかった無念の思いやまさに断腸の思いであったろうと、同情の泪を禁ずることができません。私たちは戦争の名においてこのような悲惨な事件の加害者となったことを反省せずにいられません。しかも一度犯した過ちは取り返しがつきません。あなた方の痛恨極まりないお悲しみの声が聞こえてくるようであります。しかし私たちはなす術を知りません。唯々泪するばかりであります。人間の悲しみに国境はないというのに、国境が人間を悲しみの淵に突き落とすとは、何たる不条理でありましょう。私たちは今こそ過去の過ちを繰返さない為に、あなた方のみ霊の前に永久不戦の誓いを捧げずにいられません。

み霊よ、もって照鑑を垂れ給わんことを。

合掌

昭和五八年（一九八二）一二月一八日

願主　深浦隆二

炭鉱用語

＊　ここでは、三池炭鉱の現場で使われていた専門用語を主として、他に一般の用語であっても炭鉱現場で頻繁に使われていた語句も掲載した。

昭和三八（一九六三）年、筑豊の三井田川・三井山野の両鉱業所から配置転換により数百名の従業員が三池に転入して来た。その影響で炭鉱用語も三池・田川・山野がほぼ一緒になっている。例えば「ボタ」のことを三池では「ガス」と言っていたが、田川・山野から来た人は「ガス」は坑内の「有毒ガス」発生と間違えるので「ボタ」と呼んだがよいとの意見から「ボタ」の名称に改められた。したがって用語は筑豊と共通したものも含まれている。

三池炭鉱の仕事と職名

三池炭鉱で使われていた主な職名とその仕事内容について以下に記す。ただし戦後を中心にまとめた。〈坑内〉作業については、重労働の順に記載した。

〈坑内〉

払《はらい》採炭　坑道をトンネルのように掘り進むのではなく、長さ八〇～一二〇メートル、厚さ八〇センチほどの炭層をドラムカッター（石炭を採掘する機械）で掘削する。自走枠の操作もする。作業員は運転マンを含めて一〇人くらい。

柱房採炭（小切羽《きりは》採炭）　上に建造物などがある場合、地盤沈下で鉱害が起こらぬよう碁盤の線の所だけを採掘して目の部分は掘らずに石炭を残しておく採炭方法。

掘進　二種類ある（職名では「堀」の字で表記していた）。

（1）岩盤掘進。岩ばかりの箇所を掘進する。ダイナマイトを仕掛けて発破・掘削していく方法と機械掘進法がある。場所によっては、この両方を組み合わせて掘進する。

（2）沿層掘進。炭層に沿って採掘する。高さ三メートルくらい。

仕繰　坑道を掘った後、天井が落ちないように枠を張る仕事。坑木で張る枠と鉄枠がある。坑木は松の木、鉄枠はレールをアーチ形に曲げた枠を使った。

運搬　採掘した石炭を坑外に揚げる仕事。電車、炭凾、ケージ（エレベーター）を使って揚炭する。その他資材、岩石（ボタ）も運搬する。

乾式充填（乾充）　採炭後に天井が落ちないように坑木を井げたにして、天井まで積み上げ、天井をダイナマイトにより破砕、積み上げた井げたの中に岩を落とし込んで、高さ三メートル、幅二メートルくらいの太い支柱を作っていく。機械化が進み、昭和四〇年代以降は行われていない。

機械　機械全部の移動、修理をする。採炭機械ではベルトコンベアー、パンツァコンベアーの移動、修理がある。

電気　電気全般、ケーブルの新設、修理。電車の架線の取付け、修理。

坑内特務員（内特）　次の五種類がある。

（1）検収…検査係。

（2）試錐…ボーリングをして炭層を調べる。

（3）測量…炭層にもとづいて、坑道をつくるための図面を作成する。

（4）通気…坑内の空気を調節する。

（5）倉庫番。

〈坑外〉

運搬
（1）炭函に積まれた石炭を坑口から選炭場の上まで押して行き、機械を操作して石炭を選炭場に落としてやる。
（2）炭函に積まれたボタを押して行き、機械でひっくり返して、別の炭函に積み替え、電車で引っぱって行き、海岸で三人で炭函を押してひっくり返し海に捨てていた。

選炭　石炭と岩石（ボタ）を選別する作業。採炭と同じように粉炭で顔も手もまっ黒に汚れる。

機械　坑内で修理出来ないものを修理する。

電気　坑内で修理出来ないものを修理する。社宅の電灯も担当していた。

鍛冶　ツルハシの先の焼きなおし。機械の部品の荒作り。

製罐　機械の部品の荒作り、ギヤ、ボールト、ナット等。

旋盤仕上　荒作りした部品を旋盤を使って仕上げる。

鋸目立　坑木を切るのに鋸が必要。毎日使う鋸刃の目立てと柄の付けかえをする。鉱内に二人いた。

雑役　会社内の除草、掃除などの雑用。

特務手　事務の仕事もするが、従業員の家庭との諸連絡、鉱員の採用時には身元調査もしていた。

事務手　労災保険、健康保険、賃金などの事務。

炭鉱用語集

【あ】

アーチ枠（あーちわく）　レールを曲げて作った枠。長く使う坑道に使う。

合図（あいず）　捲揚などでは信号ベルを使っていた。竪坑では鐘をワイヤーで引いてチンチンと鳴らしていた。

上がり（あがり）　坑外に昇坑すること。

上がり酒（あがりざけ）　昇坑して飲む酒。

顎下（あごした）　枠足（↓【わ】）の上部接続面の切りとった部分。

朝顔（あさがお）　夜間に用いられた坑口の照明灯。

足釜（あしがま）　枠釜（↓【わ】）のこと。枠足を立てるための穴。

足半草鞋（あしなかわらじ）　後山が履くわらじ。

当たり（あたり）　枠と天井等の隙間に入れる木片。

亜炭（あたん）　質の悪い石炭。

後山（あとやま）　熟練工の助手、後向きともいう。

安全灯（あんぜんとう）　キャップランプ。

行灯車（あんどんぐるま）　安導車、道中車、矢弦車、ロープ受車ともいう。坑内路線のレールの間に設置された直径一五センチ、幅三〇センチの輪。牽引用のワイヤーが地面をこすらないように一五メートル間隔で固定されており、この輪の上をすべっていく。

【い】

一番方（いちばんかた）　朝六時ごろからの八時間勤務のこと。
一本剣（いっぽんけん）　車道の分岐点で使用する短いレールのこと。
岩巻（いわまき）　壁巻。落盤しないよう坑木とボタを積み上げる。払いの中に井をつくってその中にボタを入れること。

【う】

浮く（うく）　天井や壁が崩落寸前のこと。
馬（うま）　たいと柱（→【た】）を支え、チェーン受けローラーを取り付けたもの。
裏込め（うらごめ）　枠（→【わ】）の外側に岩巻（→【い】）を巻いたもの。

【え】

エアブロック　エアを用いて重い材料を吊り上げる機械。
営繕小屋（えいぜんごや）　大工や雑夫の詰める小屋。
営繕大工（えいぜんだいく）　納屋（社宅）や炭函（→【た】）などを修繕する大工。
E（エンド）　払いの終端のこと。
エンドレス　環状のロープによる巻き卸し、複線で運搬する機械。エンドレス線。

【お】

追い込み（おいこみ）　透かし（→【す】）て一方を切り崩すこと。
追い立て（おいたて）　掘り倒すこと。
大納屋（おおなや）　独身者用社宅。
大ハンドル（おおハンドル）　ポイント（→【ほ】）。車道を切り替えて電車の方向を変えるハンドル。
オーガ　石炭に穴をあける機械。オーガノミ。
オーライ　坑内では停止の事。またその合図。
送り矢木（おくりやぎ）　レールを延ばして先受けしつつ掘進する道具。
押さえ水（おさえみず）　増水せぬように水を揚げる。
卸（おろし）　下り勾配の坑道。

【か】

回収（かいしゅう）　不要になった鉄柱（木柱）を撤去する作業。
塊炭（かいたん）　塊状の石炭。
回避所（かいひしょ）　坑道にある避難所。

改良鶴（かいりょうつる）　穂先だけ取り替えられるツルハシ。
外雑（がいざつ）　坑外雑役夫。
架組枠（かぐみわく）　坑道の分岐点に使う枠。
かしく枠（かしくわく）　鉄の枠。レールで作った本枠（→【ほ】）のこと。
鎹（かすがい）　坑木が動かないように固定する工具。
ガス　硬石、岩、松岩等石炭以外の悪石。ボタ。
硬かき（がすかき）　硬（ボタ）をかきよせる鍬のような道具。
ガスカンテラ　カーバイドを使用するカンテラ。
ガス検定灯（ガスけんていとう）　坑内でガスの有無を計る器具。
ガスマケ　坑内の水と粉炭やボタの粉でこすられて皮膚病になること。
加背（がせ）　坑道の大きさを示す言葉。幅と高さで表す。
肩（かた）　水平坑道のうち傾斜の高い方。
方（かた）　日（にち）。一方（ひとかた）は一日。
肩入金（かたいれきん）　新入坑夫に貸す準備金。坑夫の前借金。
片盤（かたばん）　採炭作業の切羽と本線をつなぐ水平坑道の部分。
ガックリ　小形断層のこと。
カッペ　坑内の採炭現場で天井からの岩の落下を防ぐ鉄の枠。
金矢（かなや）　石炭やボタを落とすのに使う先の尖った道具。
金受け（かねうけ）　給料のこと。金受け日。給料日。
曲片（かねかた）　捲きたてより続く水平坑道。
火夫（かふ）　ボイラーマン。
カミサシ　枠や柱の上部を締める楔。
カヤリモノ　石炭と一緒に落ちてくる天井のボタ。
カヤル　壁のボタまたは石炭が崩落すること。
かよい　通帳。
カライテボ　石炭運搬用の籠。
空木積み（からこづみ）　井型に組み立てた天井の崩落防止方法。
仮手当所（かりてあてしょ）　救急所。負傷者を仮に手当てする所。
閑古鶴（かんこづる）　使うばかりで先が痩せ細ったツルハシ。
監督（かんとく）　現在の坑内係員、係長。
カンテラ　坑内で使用されていた手さげランプ。油は菜種油と石油を混合して用いた。
▽カンテラはオランダ語「KANDELAAR」。
雁爪（がんづめ）　後山（→【あ】）が石炭を掻き出すのに使う道具。

【き】

機械工場（きかいこうば）　仕上工、旋盤工、鍛冶工、機械工、雑夫などが働いていた坑外の工場。
汽缶場（きかんば）　ボイラーが据えてあるところ。釜場。
切組枠（きぐみわく）　五本または五本組合せのアーチ型の枠。
木積み（きづみ）　坑木類を横に積み重ね天井を支えること。
揮発油ランプ（きはつゆランプ）　明治後期の安全灯。
切り上げ（きりあげ）　天井を高くすること。
切り倒し（きりたおし）　炭層にボタを含んでいないこと。
切り込み（きりこみ）　坑内で掘ったままの石炭。
切り賃（きりちん）　採炭賃金。
切り付け（きりつけ）　切羽を四角に立て流しにしてあること。
切り詰め（きりつめ）　切羽の先端のこと。「つめ」ともいう。
切り天（きりてん）　断層ぎわについている岩。
切羽（きりは）　採炭作業現場。
切羽仕繰（きりはしくり）　新しい切羽を採炭できるように準備すること。
切羽貰い（きりはもらい）　切羽をもらうこと。
ぎる　坑内を走る炭車が脱線したときに、小さな坑木をてこにして線路上にもどすこと。
斤先（きんさき）　坑夫の賃金から納屋頭がピンハネした金のこと。

【く】

堀進夫（くっしんふ）　岩盤を掘って採炭切羽を作る職種。
繰粉出し（くりこだし）　穴の中の粉炭を出す道具。
繰込場（くりこみば）　社員（鉱員、坑夫）に仕事を割り当て指示する場所。
クリップ　エンドレスの鉱車と綱の連結具。
くろだいや新聞　「くろだいや新聞」は、三井石炭三池鉱業所の社内紙で、創刊は昭和二年六月二五日。当時は日刊新聞（大きさは日刊紙と同じ）として五万五〇〇〇部を発行しており、大牟田では最高の発行部数を誇っていた。商業紙と同じく一般市民も講読していた。

同新聞は後にタブロイド判になり昭和四〇年代は週刊であった。時代を経るにしたがって、旬刊、月刊となった。社内の事はもとより定年退職者のお知らせ欄から文芸欄まであった。ヤマの閉山とともに平成九年三月三〇日閉山特集号で終刊となった。

私は、昭和四一年五月二三日号に「史蹟めぐり」の連載を始めたのが同新聞に投稿した最初であった。一回目は〝宮崎滔天の生家〟であった。私の文章と写真が活字になったのを見たときの感慨は今日でも忘れない。私の文芸活動はくろだいや新聞からと言っても過言ではない。以来「史蹟めぐり」を二八回、「カメラ散歩」二九回、「三池炭坑旧坑めぐり」など定年退職するまで四季折々に投稿を続けて来た。

三七年前連載していた頃のことが、彷彿と泛《うか》んでくる。

【け】

ケージ　竪坑の昇降用エレベーター。

ケーブル線（ケーブルせん）　送電線。

化粧枠（けしょうわく）　装飾用の枠のこと、坑口などに使われる。

ゲジ　松岩（**→【ま】**）のこと、黒色のかたい岩。石炭以外の悪石。ボタ。

ゲッテン　石炭以外の悪石。ボタ。

尻函（けつばこ）　多数連結された炭函の後方のものをいう。後函ともいう。

ケツワル　無断でヤマから逃亡すること。

剣先（けんさき）　先の尖ったショベル。

原動機（げんどうき）　モーター、エンジン。

【こ】

坑外大工（こうがいだいく）　社宅等、坑外全般の大工。

坑外日役（こうがいひやく）　坑外雑役夫。

坑口（こうぐち）　坑内への入り口。

坑底（こうてい）　竪坑や斜坑の終点をいう。

坑長（こうちょう）　坑の長、鉱長。

坑木（こうぼく）　松の木を主とする坑内用材木。

坑木台車（こうぼくだいしゃ）　坑木を積む台車。

ゴースタン　後退すること。

小頭（こがしら）　責任者。

互組（ごくみ）　小さな坑木「成木（なるぎ）」を積み重ねて天井を支えること。

五尺坑木（ごしゃくこうぼく）　長さ五尺（約一五〇センチ）、直径二〇センチくらいの坑木。

コッタ　カッペ（**→【か】**）についている楔のようなもの。

小天（こてん）　天井のボタ。

小納屋（こなや）　所帯持ち坑夫の小屋。

込み棒（こみぼう）　ダイナマイトを穴の中に押し込む棒。

強物（こわもの）　堅い断層のこと。

【さ】

採炭夫（さいたんふ）　石炭を掘る坑夫。

棹取り（さおどり）　運搬夫。昔、ハネツルベで石炭を引き揚げていたことに由来する。

棹取り小屋（さおどりこや）　運搬夫の休憩所。

下がり（さがり）　坑内に入坑すること。

先山（さきやま）　熟練した採炭夫。

差し込み枠（さしこみわく）　壁に穴をあけて差し込む枠。

差し函（さしばこ）　下げる函のこと。

差し梁（さしばり）　架組（→【か】）枠にもたせる梁木のこと。
差せ（させ）　坑底からベルをならして捲揚機で鉱車を卸に降ろす。
錆炭（さびたん）　坑内で長く汚れたままの石炭。
三番方（さんばんかた）　夜勤のこと。晩の方（ばんのかた）ともいう。
残炭函（ざんたんばこ）　前日より石炭が入って残っている炭函。

【し】

仕繰夫（しくりふ）　仕繰方ともいう。枠張り、柱打ち、壁巻などをする坑夫。
C・C・トラフ　ドラムカッターの機械の部分。
C・C・チェーン　ドラムカッターのチェーンの部分。
柴さし（しばさし）　検炭係。
柴はぐり（しばはぐり）　はじめて鍬入れをすること。開坑。
事務手（じむしゅ）　事務係。
車道金（しゃどうがね）　レールのこと。
謝礼夫（しゃれいふ）　臨時雇い。
地山（じやま）　まだ炭層を採掘していないところ。
シュート　貯炭槽のこと。
出勤督励（しゅっきんとくれい）　出勤を督励すること。主に採炭工、堀進工。
十字鎹（じゅうじかすがい）　炭壁がそり返らぬように枠足に取り付けるもの。
十二尺坑木（じゅうにしゃくこうぼく）　長さ十二尺、直径三十センチくらい。枠足用。
焦土（しょうど）　軟らかい硬石（頁岩）。
常一番（じょういちばん）　昼間だけの八時間勤務のこと。
諸式屋（しょしきや）　納屋制度時代にあった日用品・食料等の小売店。
しらせ　天盤が落ちる前にバラバラと小片が落ちてくる予兆のこと。
白ふり（しろふり）　盗掘予防のため保安炭壁に石灰汁を塗ること。
甚九郎（じんくろう）　レールバインダー。レールを曲げる道具。
人道卸（じんどうおろし）　人が通る下り勾配の坑道。

【す】

スイッチ座（スイッチざ）　電気施設のある所。
水筒（すいとう）　装塡用の込み物。水をビニール袋に入れた物。
掬い込む（すくいこむ）　切羽の入り口で石炭を直接炭函に積み込むこと。
透かし（すかし）　採炭する際下部を深く切り込むこと。
すき水（すきみず）　炭壁や岸盤などからの湧き水。

助柱（すけばしら）　一本立てる柱。
スパイキ　犬釘、車道釘。
笊（すら）　後山が炭を運ぶのに使うザル。
摺瀬（すらせ）　歯止めをするときの木。
摺瀬車（すらせしゃ）　坑道のカーブに設置したロープの受け立て車。

【せ】

背板（せいた）　くず板。
迫り前（せりまえ）　枠足の傾斜。
世話方（せわかた）　世話係とも言う。世話方制度の職務は、社宅居住者、外来居住者（自宅等）の従業員の万般の世話、会社への手続きなどをするが、同時に会社の労務管理の末端機構として明治、大正、昭和と重要な役割りを果して来た。三池炭鉱ではこの制度を労働組合の要求で昭和二九年五月に廃止、受付連絡係、社宅庶務係と変更した。
旋条機（せんじょうき）　複線式のロープ回転機。
せんぞく　せん釘とも言う。ツルハシの柄に打ち込む楔のこと。

【そ】

送水管（そうすいかん）　散水管。
送風管（そうふうかん）　エアー管。
ソゲ岩（そげいわ）　天井の一部に割れ目があって浮いている岩。
雑用（ぞうよう）　生活費のこと。

【た】

たいと柱（たいとはしら）　坑内で坑道を支える垂直の柱のうち採炭現場に最も近い側にある柱。終端柱ともいう。
大砲（たいほう）　炭函逸走防止の坑木。
たかばれ　高く落盤すること。
竹簀（たけす）　竹を針金で編んだもの。炭壁が崩れないようこの竹簀を立てる。
竹輪木積（たけわこずみ）　落盤防止の一種。
だご　装塡用の込み物。
襷（たすき）　車道の分岐点で使用する短いレール。
立ち担い（たちにない）　立ったまま石炭を担うこと。
盾入れ（たていれ）　傾斜炭層を突き抜ける岩盤水平坑道。
立て釜（たてがま）　立型ボイラー。
立て目（たてめ）　石炭にも岩にも立て目、横目、斜めの目がある。この目にはガスが溜っているので危険。ダイナマイトの穴は掘らない。
狸柱（たぬきはしら）　坑道を支える垂直の柱のなかで木の根本側が誤って天井側に設置された柱のこと。支えが弱いので危険。
達磨（だるま）　炭函をひっくり返す機械。チップラーともいう。

炭函（たんがん）　石炭を運搬する鉄製の車。炭車。

段汲み（だんくみ）　坑内の湧水を一段一段上に汲み上げていくこと。

タンコタレ　炭鉱マンの蔑称。タンコンモン。タンコ太郎。

炭塵（たんじん）　石炭の粉。爆発性があり危険。

丹丁切羽（たんちょうきりは）　碁盤の目のように炭柱を残していく切羽。

【ち】

チップラー　炭函をひっくり返す機械。達磨。旧四山鉱では圧縮空気で運転していた。

チャカス　ピカピカ光る薄いボタ。

中塊（ちゅうかい）　子供のにぎりこぶし大の石炭の塊。大きいのを塊炭（直径一〇センチ以上）、小さいのを小塊（直径五センチ以下）という。

中納屋（ちゅうなや）　大納屋、小納屋の中間の納屋。

直轄（ちょっかつ）　会社直轄の坑夫。

縮緬（ちりめん）　目のない硬い石炭。

【つ】

突鑿（つきのみ）　マイトの穴を穿つ場合、両手で突きながら穿つ鑿。

つきもん　天井の落ちそうについている岩。

付日役（つけびやく）　規定賃金以外につける賃金。

繋ぎ（つなぎ）　坑内の枠が倒れないように枠と枠をつないだ細い木。

壺下（つぼした）　斜坑の底部分。

詰所（つめしょ）　係員が事務をとる所。坑内詰所。

面採り（つらとり）　平面に切羽を採ること。

釣り石（つりいし）　切羽の上部に浮き出た石炭。

釣り岩（つりいわ）　切羽の上部に浮き出た岩。

吊り天（つりてん）　払いの後の天井が落ちないでいること。

鶴嘴鍛冶場（つるはしかじば）　ツルハシの先を焼き直す鍛冶場。

連延（つれのべ）　本線坑道と隣接の平行坑道。

【て】

テールロープ　エスカレーターのこと。

鉄柱（てっちゅう）　鋼鉄製の柱で、坑内の天盤を支えるもの。

鉄砲撃つ（てっぽううつ）　ダイナマイトだけが爆発して、岩がくだけないこと。

天井（てんじょう）　坑内で頭より高い場所のこと。

天井鳴り（てんじょうなり）　層がはなれて一斉に荷圧がかかること。非常に危険。

電気タービン（でんきタービン）　排水用機械。

【と】

灯具室（とうぐしつ）　灯具を整備する室。安全灯室。
頭領（とうりょう）　納屋の頭領（親方）。
道具なぐれ（どうぐなぐれ）　ツルハシなど道具がこわれて仕事が出来ないこと。
胴割り（どうわり）　坑内炭車が走るレールの下の枕木のこと。スリッパともいう。長胴割りは長い枕木のこと。
特務手（とくむしゅ）　事務と雑役をする係。
特免区域（とくめんくいき）　可燃性ガス、爆発性炭塵について、保安上心配ないと認められ、保安規則の一部の適用除外を許可された区域。
どまぐれ　鉱車が脱線すること。どましたともいう。
どまぐれ函（どまぐればこ）　脱線した炭函のこと。
取り締まり（とりしまり）　ヤマの労務係。人事係。
ドラムカッター　石炭を採掘する機械。
ドリフター　大型鑿岩機。
トロリ線（トロリせん）　電車の架線。
トンボ柱（トンボはしら）　トンボの形をした柱。一本柱。
トンボ枠（トンボわく）　トンボの形をした枠。

【な】

長柄ツル（ながえツル）　天井点検用の長い柄のツルハシ。
長鎹（ながかすがい）　枠足を立てるのに使う棒。
ながする　重量物などを前方におく。
長屋（ながや）　後の社宅のこと。
なぐれる　何かの故障で仕事ができないこと。金にならなかった。
七尺坑木（ななしゃくこうぼく）　長さ七尺（約二一〇センチ）、直径一五センチ。
納屋（なや）　後の社宅のこと。
納屋学校（なやがっこう）　昔の社宅内の小学校。
納屋制度（なやせいど）　下請け制度。
納屋んもん（なやんもん）　社宅の者。
成木（なるぎ）　枠連継に用いる細い木、矢木ともいう。

【に】

荷（に）　天井の重圧のこと。重圧がかかることを荷が来たという。落盤することがある。非常に危険。
二号炭（にごうたん）　ボタを含んだ石炭。
二番方（にばんかた）　午後二時ごろからの八時間勤務のこと。

【ぬ】

抜き柱（ぬきばしら）　鉄柱を回収すること。

【ね】

ネコ　ジャックハンマー。ジャンボー。岩盤掘進の機械。

螺子ピン（ねじピン）　連結チェーンをねじって繋ぐピン。
鼠巻き（ねずみまき）　自動巻機。

【の】

延（のべ）　堀進箇所の呼称で切羽の詰めのこと。坑道の一番奥のこと。
昇り（のぼり）　上がり勾配の坑道。
鑿（のみ）　ダイナマイトの穴くり用に使う。
乗り廻し（のりまわし）　終日電車に乗る運搬工。

【は】

バール　車道釘を抜く道具。
売勘場（ばいかんば）　昔のヤマの売店のこと。売物店とも言った。
排気卸（はいきおろし）　斜面を下っていく排気道。
排気道（はいきどう）　風道ともいう。
端板（ばいた）　くず板。
函（はこ）　炭車のこと。炭函。
函かすり（はこかすり）　炭函の石炭をかすり落とす仕事。
函が走る（はこがはしる）　炭車が逸走すること。
函繰り（はこぐり）　配車係。
函止め（はこどめ）　炭車が逸走しないようにするための防止装置。大砲式、かんぬき式、ヒンコツ、スラセ、ボルト、馬ともいう。
函なぐれ（はこなぐれ）　炭函が来ず仕事ができないこと。
はさみ　炭層中に挟まれている薄い砂岩。
走り込み（はしりこみ）　坑口の急傾斜の場所。
バック　ポンプを据え付けるための穴。
バッテラ　横ショウケ。石炭を炭函に入れるときに使う道具。
払い（はらい）　採炭現場。切羽。
ばれる　天井が落盤すること。
盤（ばん）　足元の地盤。
盤石（ばんいし）　切羽下の石炭のこと。
盤返り（ばんがやり）　坑道の傾斜のこと。
盤尻（ばんじり）　順番の最後。
ハンドルポンプ　人力で動かす鉄製ポンプ。
盤膨れ（ばんぶくれ）　天盤、地盤、側壁等が地圧のため押し出して来ること。
ハンマー　岩に穴をあける道具。

【ひ】

引切りこし（ひききりこし）　坑木の切り端。
灯皿（ひざら）　灯具。油に灯芯をいれて灯をともす皿。
非常（ひじょう）　大変な事。大災害。
ＢＣ（ベルトコンベア）　石炭を流す機械。
ＰＣ（パンツァーコンベア）　石炭を流す機械。
ヒッジ　天井より落ちる水。坑内雨のこと。
ビッド　のみ先を取り付ける道具。

ピック　岩や松岩を割る道具。
人繰り（ひとくり）　納屋頭の配下。責任者。
一先（ひとさき）　先山（→【さ】）。
火番（ひばん）　坑内で灯具の手入れをする係。
微粉（びふん）　木灰のような石炭。
火ぼて（ひぼて）　カンテラや灯皿の灯が消え作業が出来ず早上がりすること。火なぐれ。

【ふ】

鞴（ふいご）　水を汲み上げる道具。
深（ふけ）　水平坑道の傾斜の低いこと。
フダ差し（フダさし）　検炭係。石炭の量を計る係。
粉炭（ふんたん）　粉のような石炭。

【へ】

H（ヘッド）　払いの入気側。

【ほ】

ホイスト　原動機。減速装置を内蔵した小型捲揚機。
ポイント　本線の分岐車道。手動式と自動式がある。
放逐（ほうちく）　解雇、追放。
棒心（ぼうしん）　先山（→【さ】）のこと。または一つの作業場の中での長。ボースン。
ホーベル　石炭を切削する採炭機械。
ホーリング　捲卸し運搬坑道の捲揚機。
ボート　炭函の車輪に細木を差し込んでブレーキをかける。
僕（ぼく）　水槽。
ほげ　えぶショウケのこと。竹製と鉄製がある、石炭、ボタをすくうのに使う。
ホゲル　貫通すること。
ホダ　石炭のこと。
ボタ　硬石、岩、松岩等石炭以外の悪石、ガス、ゲジ、ゲッテン。
ボタカブル　落盤により負傷すること。何か失敗したときにも言う。
硬小積み（ぼたこずみ）　外側に大ボタを積み上げ、中に小ボタを充塡して天井崩落を防ぐ。
本延（ほんのべ）　本線坑道。
本枠（ほんわく）　梁一本と足二本で立てられた枠。三つ枠ともいう。
ポンプ方（ポンプかた）　ポンプの運転手や捲方のこと。

【ま】

賄い（まかない）　炊事。
捲卸（まきおろし）　炭函を捲揚機で巻き上げる坑道。
捲立て（まきたて）　水平坑道の入り口。
捲場（まきば）　捲揚機を運転する場所。
捲函（まきばこ）　巻きあげる函。

捲け（まけ）　捲揚機で鉱車を巻き上げること。
柾目（まさめ）　堅い石炭面のこと。
又降ろし（またおろし）　本線から左右に分かれた支線坑道。
松岩（まついわ）　炭層中の硬い岩。
間部（まぶ）　炭鉱、坑口の意。
間枠（まわく）　本枠と本枠の間に天井補強のために入れる枠。

【み】

水台車（みずだいしゃ）　飲料水を運搬する台車。
水なぐれ（みずなぐれ）　ポンプ故障や不時出水で仕事ができないこと。
水番（みずばん）　給水係。
みせしめ　納屋頭が実行するリンチ。

【む】

迎函（むかえばこ）　コース元につけておく硬函。

【め】

メタンガス　石炭層から湧き出る可燃性ガス。
目抜き（めぬき）　目貫とも言う。坑道と坑道を連絡する短い坑道。

【も】

もぐら　坑内もぐら。炭鉱マンの蔑称。
門（もん）　通気用の門。通気門。

【や】

役所（やくどころ）　堀進箇所の仕繰箇所。作業現場。
役人（やくにん）　職員のこと。官営時代に職員を役人と言っていた。
矢弦車（やげんぐるま）　坑外捲揚機の前やエンドレスの終点などにある大型の車。
ヤマ　炭鉱のこと。

【よ】

ヨキ　柄の短い斧。手斧。
浴場（よくじょう）　ふろば。職員浴場と鉱員浴場がある。
除け（よけ）　疎水溝のこと。
除け切り（よけきり）　坑内疎水溝をつくること。

【ら】

ランプ鑿（ランプのみ）　昔は、ダイナマイトの代わりに普通の火薬を使っていた。ハンマーでノミを叩きながら穴を掘っていた。そのノミのこと。

【り】

立柱（りっちゅう）　鉄柱を立てること。

【れ】

連勤（れんきん）　八時間勤務した後、また八時間続けて勤務すること。

【ろ】

ロッド　ノミ先を取りつける道具。

露頭炭（ろとうたん）　炭層が地表に現れているところ。

ロング枠（ロングわく）　枠足（→【わ】）を垂直に立てて梁をのせた枠。坑木を使う。

【わ】

枠（わく）　坑道の天井と側壁を支えるために設置された垂直の柱と天井の梁。

枠足（わくあし）　枠の根もと。

枠釜（わくがま）　枠が動かないように安定させるために岩壁に深い溝をつくり、ここへ坑木を設置する。この深い溝のこと。

枠下駄（わくげた）　金張り（三つ組枠）と石炭の間に枠が下がらないように下駄をはかせる。

おわりに

三池炭鉱に関しては、閉山直後に『わが三池炭鉱〈写真記録帖〉』(葦書房、一九九七年)を、さらに閉山から六年後に『地底の声〈三池炭坑写真誌〉』(弦書房、二〇〇三年)を刊行した。

閉山から一〇年以上たった現在、ここ大牟田市と荒尾市にかつての炭鉱があったことを示すものは万田坑(荒尾市)と宮原坑(大牟田市)だけになってしまった。この二つの近代化産業遺産が国指定の重要文化財となり、さらに世界遺産登録を目ざしているという地元の動きと、私の手もとにある未発表の写真をどうしてもまとめておきたいという強い気持ちから、あともう一冊の炭鉱《ヤマ》の写真記録集を出版することにした。

本書は、過去二冊の写真集と未発表分の写真二〇〇点余の中から、万田坑と宮原坑に関連した写真を厳選して収録したものである。したがって以前に刊行した写真集の中に収録した写真も再度掲載することにした。坑内労働の写真も、私の勤務地であった港沖四山鉱坑内で撮影したものの中から、印象深いものを選んで掲載した。三池炭鉱は私の人生そのものといってもよい。現実に遺っている建造物とこの写真から、日本が近代化してきたその軌跡とそれを支えた人間たちの声を、いま一度記憶にとどめてもらいたい。

石炭《スミ》掘る仲間たちは素朴で飾り気のない人たちが大ぜいいた。仲間たちは坑内の真っ暗な現場で炭塵とマイトの煙の中で、しかも地下の悪い空気を吸って働いていた。体に無理が来ないわけがない。

同僚たちと別れて三〇年近く経つがみんなどうしているだろうか。元気でいてくれることを祈るばかりだ。

多くの炭坑マン達が協力してくれたお蔭で貴重な写真を撮ることができた。先輩や同僚、後輩の皆様に厚くお礼を申し上げる。

今までご指導いただいた弦書房の小野静男氏に厚くお礼を申し上げる。

平成二二年一月

高木尚雄

▼170

▶171

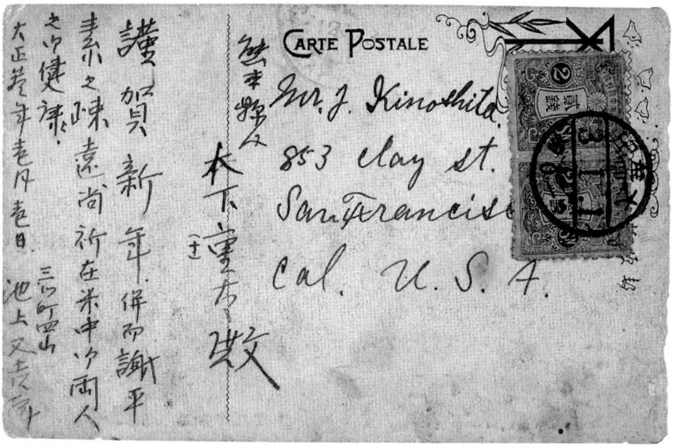

170・171　万田坑の写真入り年賀状　この年賀状は福岡県三池郡三池町四山の池上又吉氏がサンフランシスコで働いていた妻の弟である木下十太氏に宛てた年賀状である。大正３年１月１日のスタンプが押してあり、切手は弐銭切手を２枚貼ってある。木下十太氏が大正４年に一時帰国した際に持ち帰ったもので、木下家に大事に保存してあった　平成18年９月24日

〔三池炭鉱年表〕

文明元(1468)年	三池郡稲荷村農夫傳治左衛門稲荷山にて石炭発見。
享保6(1721)年11月	柳河藩家老小野春信その領地平野山を開坑。
寛政2(1790)年	三池藩石炭法度を布告。
嘉永6(1853)年	三池藩、生《いもう》山《やま》を開坑。
安政2(1855)年	大浦坑開坑起工。
安政4(1857)年	生山、平野山両坑の境界争い始まる(安政6年和議なる)。
	大浦坑開坑。
明治2(1869)年	藩籍奉還により三池藩主立花種恭は藩経営の炭山稲荷山および生山を藩士一同へ下渡。
明治4(1871)年7月	柳河藩は柳川県、三池藩は三池県となる。
9月	三池藩士族石炭採炭を願出る。
11月	久留米、柳河、三池の三県を廃し三潴《みずま》県を置く。
明治5(1872)年1月	生山、平野山の境界争い再び始まる。4月に三潴県より生山、平野山の紛争中止を命じる。
明治6(1873)年5月	平野山、稲荷山および生山の各炭山官収。
7月	日本坑法布告。
	三潴県囚徒を三池坑山に初めて使用。
12月	工部省鉱山寮の支庁を下里村旧石炭会所跡に置く。
明治7(1874)年4月	元平野山坑主小野隆基に鉱山寮より1万5000円下附。
5月	長崎・島原港に石炭置き場設置。
6月	島原港問屋の名称を鉱山寮御用達と改める。
9月	稲荷山および生山の代償として、旧三池藩士へ金2万6000円下附。
明治8(1875)年末	梅谷坑口付近に初めてコークス炉を建設。
明治9(1876)年1月	三ツ山竪坑開削に着手(三池最初の竪坑)。
8月	三潴県を廃し、福岡県に合併。英人技師ポッター、三池炭山新工事担任のため来山。
10月	三池石炭の販売を三井物産に委託。
11月	安全灯100個を「英国ジョンウェート」に発注す(明治10年9月着荷)。
12月	大浦新坑道(後の大浦第一坑)開坑に着手(明治10年8月着炭)。
明治10(1877)年1月	三池鉱山支庁を三池鉱山分局と改称。
5月	大浦坑内に囚徒を使役。

7月　大牟田川口の航路拡大に着手。
12月　三ツ山炭鉱開坑。
明治11(1878)年2月　大浦坑より大牟田川口に馬車鉄道完成。坑外運搬に馬匹の使用を開始。
3月　大浦坑において初めて木製炭罐を200台新製。大牟田川、第一水門石炭搭載場付近に英国ヘンリーフリー社より購入の水圧式指針付自動秤量機を設置。
5月　三井物産出張所を口ノ津港に開設。
6月　横須村に焦煤炉4個を建設。大浦坑汽力曳揚機設置。大牟田川石炭積込場竣工。
7月　大牟田川第一水門完成。
8月　大浦斜坑曳揚機械および汽罐3基を使用開始、出炭を始める。
明治12(1879)年5月　坑内採炭昼夜兼業となる。
7月　七浦第一竪坑開削に着手。
明治14(1881)年　釜石鉱山分局より蒸気機関車1台を譲り受ける。
明治15(1882)年4月　七浦第二竪坑開坑に着手（16年6月完了）。
6月　七浦第一竪坑開坑。
明治16(1883)年1月　七浦坑操業開始。
4月　三池集治監設置。
5月　七浦坑採炭に囚徒を使役。同坑出炭操業開始。
6月　七浦第二竪坑開坑。
9月　熊本県囚徒の放火により大浦坑内に火災を惹起し、数十名死亡。三池鉱山分局を三池鉱山局と改称。
明治17(1884)年6月　七浦坑第三坑の開坑に着手（11月着炭）。
10月　大浦坑再び操業開始。この年三池鉱山本局より七浦間に初めて電話開通。
明治18(1885)年1月　七浦第三坑開坑。
11月　勝立第一竪坑開坑着手、出水多量にて中止。
12月　工部省を廃し、三池鉱山局は農商務省に帰属。
明治19(1886)年1月　三池鉱山局を大蔵省に移管。
2月　早鐘竪坑開削に着手（20年8月完了）。
明治20(1887)年2月　宮浦第一竪坑開削に着工（8月17日着炭）。
明治21(1888)年4月　宮浦坑出炭操業開始。大蔵省三池鉱山払い下げ規則を告示。
8月　三池炭山払い下げ入札の結果佐々木八郎へ払い下げ決定。佐々木八郎払い下げに関する一切の権限を三井組西邑虎四郎に委託。
12月　三池鉱山局を廃止。
明治22(1889)年1月　政府より三池炭山払受人に炭山の営業権その他付属一切

の引き渡しを終了。三池炭礦社なる。

3月	三池炭礦社事務長に團琢磨就任。三池炭礦社に運輸課を置く（港務所の前身）。
4月	大牟田村、下里村、稲荷村、横須村の4ヶ村合併して大牟田町となる。三池、新町、今山、歴木は三池町となる。
5月	竜湖瀬坑の採炭に着手。
6月	稲荷坑の採炭開始。
7月	熊本地方一帯に大地震あり三池にも波及。地震と連日の降雨のため開削中の勝立坑水没し、七浦、宮浦、大浦各坑水害を被る。勝立竪坑の開削は一時中止。
11月	福岡県三池監獄廃止。
明治23(1890)年4月	売物店を開設。
5月	坑内の喫煙を禁止。
9月	坑夫就業時間を12時間の交替制とする。日本坑法廃止され、鉱業条令制定。
明治24(1891)年2月	機関車運炭専用鉄道敷設に着手。
3月	大谷坑開坑（閉坑年不明）。
4月	竜湖瀬坑を再開。稲荷坑を閉坑。九州鉄道会社線久留米、高瀬間開通、大牟田駅開設。
8月	賃金支払日を月3回とする。
11月	宮浦、横須浜間専用鉄道を敷設し、汽車輸送を開始。次いで七浦、勝立、万田、四山におよぶ。宮浦坑操業開始(翌12月七浦坑も)。
明治25(1892)年3月	鉱業法制定。
4月	三井鉱山合資会社設立。
6月	梅谷、満谷、大谷、竜湖瀬各坑の採炭を一時中止。
8月	梅谷坑、竜湖瀬坑再開。
明治26(1893)年7月	三井鉱山合名会社と改称。田川炭山の鉱区は三池炭礦社の附属となる。
10月	三池炭礦社を三井三池炭礦事務所と改称。
明治27(1894)年4月	勝立坑落成、開坑。
12月	小谷坑操業再開。坑外に初めて電灯を点灯。七浦発電所を新設。
明治28(1895)年2月	勝立第二坑開削に着手(10月着炭)。宮原第一竪坑開削着手。
4月	勝立第一坑出炭を始める。
7月	梅谷、竜湖瀬を開坑。
明治29(1896)年12月	勝立第二坑操業再開。
明治30(1897)年3月	宮原第一竪坑着炭、同坑に捲揚機を据え付ける。
8月	山野炭礦事務所を新設し、三池炭礦より独立。宮浦坑本

格的柱引採炭開始。

11月	万田第一竪坑開削に着手。
明治31(1898)年3月	宮原坑操業出炭開始、同坑選炭機操業を始める。
6月	宮原第二竪坑起工。
8月	万田第二竪坑起工。直轄坑夫を募集。
10月	坑内主要坑道、機械座、ポンプ座などに電灯の使用を始める。
明治32(1899)年1月	売物店の名称を売勘場と改める。
6月	宮原第二竪坑起工（33年10月着炭）。 この年三池港起工。
明治34(1901)年6月	大浦坑口のエンドレスロープ機を汽機より電動機に変更。三池最初の電動機。
8月	宮浦坑にて坑内電動機の使用を始める。
9月	七浦第二発電所を新設。
明治35(1902)年1月	七浦三坑口に「チャンピオン」扇風機を設置。電動扇風機として最初のもの。
2月	万田第一竪坑着炭。大浦坑磐下炭の採炭開始。
9月	熊本県監獄三池出張所廃止。納屋学校を開く。
11月	四山築渠工事起工、大牟田築港起工。万田坑出炭操業開始。
12月	三池炭礦払い下げ代金15ヶ年年賦の最終年賦金を大蔵省に完納。
明治36(1903)年3月	万田坑に安全灯を使用。
4月	三池集治監を三池監獄と改称。
8月	大浦旧坑口電動チャンピオン扇風機運転を始める。万田坑選炭機運転開始。
明治37(1904)年2月	万田第二竪坑着炭。この年ハベル式電気安全灯の使用を始める。
明治38(1905)年3月	三池炭礦内に焦煤課設置さる。同年7月焦煤工場と改称。
4月	勝立坑柱引採炭を始める。
6月	大浦第二坑起工。
明治39(1906)年1月	大浦第二坑着炭。
9月	三池炭礦事務所を大牟田町大字大牟田40に移す。
10月	大浦第二坑開坑。
明治40(1907)年10月	万田坑ガス爆発。
明治41(1908)年1月	万田坑坑内電車を使用（坑内電車の初め）。
3月	四ッ山築渠（後の三池港）注水式挙行。
4月	三池港竣工、開港場に指定。
8月	勝立港磐下炭の採掘に着手。
10月	初めて採運炭夫に8時間勤務3交替制を実施。請負坑夫

募集制度を廃し、請負人手持坑夫を直轄に引直す。納屋制度の廃止。この年各坑の「カンテラ」使用を全廃。

明治42(1909)年４月　三池港開港。

11月　三井鉱山合名会社三池炭礦事務所を三井合名会社鉱山部三池炭礦事務所と改称。この年三池製作所四山工場設立。

明治44(1911)年１月　大牟田駅、築島より不知火町に移転。

12月　三井鉱山株式会社三池炭礦事務所と改称。

明治45(1912)年７月　港、万田間専用鉄道電化。

大正２(1913)年下季　全山坑内の裸火を廃し安全灯を使用。

大正６(1917)年３月　大牟田町に市制施行。

８月　大浦、七浦間に電車の使用を開始。

大正７(1918)年４月　四山第一竪坑起工。

８月　三池製錬所、三池染料工業所、三池製作所、三池港務所夫々独立し、三池炭礦事務所は三池鉱業所と改称。

９月　万田坑に暴動事件起こり、また各坑所に罷業続出。遂に軍隊の出動となる。

大正８(1919)年４月　宮浦第二竪坑起工（６月着炭、閉坑年不明)。

大正９(1920)年３月　三井三池共愛組会結成。

５月　四山第一竪坑着炭。

大正10(1921)年２月　長谷、小浦の採炭を廃止。

７月　竜湖瀬の採炭を廃止。

８月　上水道市内一部通水開始。

大正11(1922)年９月　宮浦坑内に電気機関車（４トン車）の使用を始める。

10月　大牟田市上水道の通水式挙行。

12月　四山第二竪坑起工並びに完成。

大正12(1923)年３月　四山坑出炭操業開始。宮浦大斜坑起工。

４月　万田坑に人車を使用。

５月　万田発電所新設。三池共愛購買組合設立。

６月　万田坑内に人車、電車、軌道の使用開始。共愛組合にて金融事業開始。

７月　四山坑内に24トン電気機関車６台使用開始。

12月　万田坑にて蓄電池電車を使用。四山坑にて帽子式電気安全灯の使用を始める。

大正13(1924)年１月　第二期海面埋築。

５月　宮浦坑にて、蓄電池電車を使用。

６月　製作所中心に労働争議起こる。

９月　宮浦大斜坑出炭操業開始。

10月　四山第二竪坑着炭。

大正14(1925)年３月　市上水道竣工。

11月	大浦第二坑の採炭を中止。
12月	四山坑にて人車、電車、列車の運転を始める。
大正15(1926)年2月	大浦第一坑の採掘を中止。
7月	三池郡役所廃止。
昭和2(1927)年6月	「くろだいや新聞」を創刊（同8年日刊に、同12年週刊となる）。
10月	宮浦大斜坑に人車捲揚機装置運転開始。
昭和3(1928)年6月	勝立坑開坑式挙行。
昭和4(1929)年3月	宮原坑ガス爆発。
5月	この年四山坑で前進式長壁採炭法を採用。
昭和5(1930)年3月	万田坑ガス爆発。
9月	坑内請負制度を全廃。女子坑内夫の入坑を全廃。
12月	囚徒の採炭作業を全廃。
年末	馬匹使用を全廃。
昭和6(1931)年3月	三池刑務所廃止。
7月	港発電所運転開始。
8月	七浦坑、宮ノ原坑閉坑。
昭和7(1932)年2月	四山坑にてスクレーパーコンベヤの使用を始める。
7月	大浦発電所を新設。
昭和8(1933)年11月	南新開竪坑開坑。
昭和9(1934)年10月	宮浦坑および四山坑にて「ベルトコンベアー」を使用。
昭和11(1936)年1月	各坑口にて炭函を秤量していたが中止、積載基準量を定め目測秤量を実施。万田排気竪坑起工。
5月	宮浦大斜坑に「ベルトコンベアー」を新設。45トン電気機関車の使用を始める。
8月	職業紹介法施行規則による坑夫募集を始める。
12月	万田坑内に8トン電気機関車の使用を始める。
昭和12(1937)年9月	三川第一斜坑並びに第二斜坑起工。
昭和13(1938)年4月	万田排気竪坑開削着炭。
昭和14(1939)年7月	共愛組合を鉱業報告三井三池共愛会に改組。
昭和19(1944)年11月	空襲をうける（工場地帯）。
昭和20(1945)年8月	終戦。
昭和21(1946)年	従業員の呼称、坑夫より鉱員に変わる。
昭和24(1949)年10月	人工島「初島」起工（26年4月竣工）。
昭和26(1951)年8月	人工島「初島」（通気専用の竪坑）完成。
9月	万田坑閉坑式。
昭和28(1953)年7月	三池炭坑主婦協議会を結成、三池全社宅在籍の40％の主婦が加入。レッドパージ関係者113人、福岡地裁大牟田支部に解雇無効を提訴。

昭和29(1954)年９月	世話方制度廃止。
昭和30(1955)年	大浦坑閉坑。新港排気竪坑完成。
昭和31(1956)年２月	25日三池労組、労働条件改善要求など約1000項目の要求を会社に提示し争議。３月16日三池ではじめてロックアウト実施。４月16日会社、三鉱連団交妥結、ロックアウト解除。
昭和33(1958)年３月	三川鉱で５ｍ～６ｍの厚層を完全採掘のための２段分層払方式を採用し、三池製作所ベンドジブカッターを使用。
４月	三池、鉄柱カッペに替え水圧移動鉄柱を実用化。
８月	四山鉱で、岩盤掘進２切羽を冷房するため150ＲＴ冷凍機を設置し、深度520m付近の坑内水を利用して冷却。
10月	四山鉱にホーベル導入、また三川鉱でスライシング払い実施。
昭和35(1960)年１月	25日三井鉱山、港務所を除く三池全山でロックアウト強行、組合側全面無期限スト。
２月	15日～18日三池労組批判勢力、闘争批判の行動を開始。
３月	15日三池労組の批判勢力中央委を退場、三池労組刷新同盟結成。 17日批判勢力3093人で新労働組合結成。 24日会社、新労と新協定締結。新労スト中止指令。 28日新労、三川鉱・宮浦鉱・四山鉱・本所・三港など各鉱所一斉に就労行動を開始、各鉱で新・旧労組員激突。 ３月29日四山鉱正門において、暴力団の一人によって旧労ピケ隊の久保清氏が刺殺される。
５月	４日三川鉱のホッパー立入禁止等仮処分決定。 ５日旧労ホッパーピケ6000人に増員。
６月	５日三池港務所のロックアウトを実施。
７月	20日中労委藤林・中山両斡旋員、労使に斡旋案提案、炭労受諾を回答。７月25日三井鉱山受諾回答。
９月	６日生産再開。
昭和36(1961)年８月	三池新労組の組合員6104人に増加し従業員の過半数に達する。三池労組6075人に減少。
昭和37(1962)年５月	三池、わが国最大規模の総合選炭機完成。
８月	三池、長期出炭計画に対応し選炭増強を計るため選炭工場の増強建設工事をすすめ、営業運転に入る。
11月	三池、本格的な薄層採掘のため上層ホーベル払を開始。
昭和38(1963)年７月	９日三井鉱山、三池新労組と２ヶ年間の平和協定を締結。
８月	三池、採炭部門の強化に坑内直接夫の増員を提案。三井田川より三池へ配転となった従業員の第一陣大牟田へ着く。

11月　９日三川鉱でガス爆発、主要ベルト斜坑で炭車が逸走して炭塵を発生して着火、爆発。死者458人、重傷者675人、軽傷者42人。

昭和39(1964)年１月　21日三川鉱、73日ぶりに一部生産再開。
31日三井三池新労働組合、全炭鉱加盟を決定。

５月末　三井鉱山栗木社長、三池爆発の責任を負って辞職、後任倉田興人氏就任。

昭和40(1965)年４月　１日三井鉱山、三池港務所を分離独立。

８月　四山鉱港沖へ移転。

昭和41(1966)年１月　14日三池、この日２万1250ｔを出炭し開坑以来の記録を樹立。
28日さらに２万2945ｔを出炭し記録を更新。

５月　29日三池新労組、組織の４分の３を確立して祝賀会挙行。
四山鉱で沿層掘進月間832.9m記録を樹立。

昭和43(1968)年２月　三池、月間出炭労務者１人当たり104.4ｔを記録。わが国炭鉱史初めての高記録。２月さらに121.2ｔに更新し５月まで４ヶ月にわたり高能率を維持。

昭和44(1969)年１月　宮浦鉱移転（三川鉱内へ)、のち閉坑。

７月　三池島築島着手、昭和45(1970)年９月完工。

昭和45(1970)年12月　三池島竪坑開削着手、昭和48(1973)年５月完工。

昭和48(1973)年10月　三池鉱業所、三井鉱山株式会社より分離。三井石炭鉱業株式会社設立。従業員の呼称、鉱員より社員に変わる。

昭和52(1977)年10月　有明炭鉱株式会社を三池鉱業所に吸収合併。鉱名を有明鉱とする。

昭和57(1982)年10月　四山坑で自走枠を自動化。無人採炭へ第一歩。

昭和59(1984)年１月　18日有明鉱で坑内火災発生。死者83人、負傷者16人。

昭和62(1987)年　三池鉱で希望退職募り人員合理化。３年間に1850人削減。

９月　30日四山鉱坑口閉鎖。

10月　四山鉱・三川鉱を三池第一鉱として統合、有明鉱を三池第二鉱に名称変更。

平成元(1989)年９月　30日三川鉱坑口閉鎖。

10月　第一鉱・第二鉱を三池鉱として統合し一鉱体制となる。

平成９(1997)年３月　29日採炭停止。
30日三池鉱坑口閉鎖。三井石炭鉱業・三池鉱業所閉山。

平成10(1998)年５月　三池炭鉱の万田坑施設および宮原坑施設が国の重要文化財に指定。

平成11(1999)年６月　三川坑ホッパー解体。

平成12(2000)年１月　三池炭鉱の万田坑跡、宮原坑跡が国の史蹟に指定。

６月　万田炭鉱館開館。

7月	万田ファン倶楽部結成。
平成16(2004)年11月	日本炭鉱労働組合（炭労）解散。
12月	三井港倶楽部閉鎖。
平成17(2005)年4月	三池炭鉱労働組合解散。
平成21(2009)年1月	（旧）三井三池炭鉱万田坑施設、旧宮原坑施設が「九州・山口の近代化産業遺産群」の構成資産としてユネスコ世界文化遺産暫定一覧表に記載。
4月	万田坑ステーション開館。

＊年表は、三池鉱業所の諸資料、主に「三池鉱業所沿革」を参考にして作成した。

高木尚雄（たかき・ひさお）
大正12年　熊本県荒尾市生まれ。
昭和21年２月　中国上海より引揚げ。
昭和21年４月　三井鉱山三池鉱業所入社。
　　　　　　　四山鉱坑内機械工として働く。
昭和25年３月　四山鉱人事係勤務となる。
昭和33年ごろから平成21年まで三池炭鉱を撮影する。
昭和58年８月　停年退職。
著書に『わが三池炭鉱――写真記録帖』
　　　『地底の声――三池炭鉱写真誌』
　　　などがある。

三池《みいけ》炭鉱《たんこう》遺産《いさん》——万田坑《まんだこう》と宮原坑《みやはらこう》

二〇一〇年四月二〇日発行

著　者　高木尚雄《たかきひさお》

発行者　小野静男
発行所　弦　書　房
（〒810・0041）
福岡市中央区大名二－二－四三
ＥＬＫ大名ビル三〇一
電　話　〇九二・七二六・九八八五
ＦＡＸ　〇九二・七二六・九八八六

印刷　アロー印刷株式会社
製本　篠原製本株式会社

ISBN978-4-86329-038-9　C0026